环境经济与政策

（第二辑）

Journal of Environmental Economics and Policy

李善同 主编

科学出版社

北京

内 容 简 介

　　《环境经济与政策》是由中国科学院虚拟经济与数据科学研究中心、环境保护部环境规划院、中国人民大学环境学院主办,中国环境科学学会环境经济学分会提供学术支持,科学出版社出版的一份环境经济与环境政策的专业学术刊物,每年出版两辑,反映国内环境经济与环境政策研究的前沿领域和最新研究进展。第二辑包括绿色经济与绿色金融、能源经济与低碳发展、生态足迹、环境管制对制造业的影响等领域的研究论文。此外,还介绍"十一五"污染减排、CDM 项目额外性、欧盟碳排放交易制度等领域的研究进展和研究动向。

　　本书可以作为环境经济、环境管理、环境政策、资源经济,以及可持续发展等领域的高校师生、研究人员和相关政府部门的专业参考资料。

图书在版编目(CIP)数据

环境经济与政策. 第 2 辑/李善同主编.—北京:科学出版社,2011.4
ISBN 978-7-03-030486-5

I.①环⋯　II.①李⋯　III.①环境经济-中国-文集②环境政策-中国-文集
IV.①X196-53②X-012

中国版本图书馆 CIP 数据核字(2011)第 038287 号

责任编辑:侯俊琳　陈　超　韩昌福　马云川/责任校对:鲁　素
责任印制:徐晓晨/封面设计:无极书装

科 学 出 版 社 出版
北京东黄城根北街 16 号
邮政编码:100717
http://www.sciencep.com

北京厚诚则铭印刷科技有限公司 印刷
科学出版社发行　各地新华书店经销
*
2011 年 4 月第 一 版　开本:B5(720×1000)
2018 年 2 月第三次印刷　印张:11
字数:209 000
定价:**68.00**元
(如有印装质量问题,我社负责调换)

编 委 会

目　　录

Contents

Reviews and remarks

绿色经济与绿色金融

□ 成思危[①]

1 可持续发展与科学发展观

绿色金融就是用金融手段来支持绿色经济的发展，而绿色经济是当前可持续发展最重要的内容。可持续发展就是既要满足当代人的发展需求，又不会对满足后代人发展需求的能力造成危害。要实现可持续发展，最重要的就是处理好人和自然的关系。

社会是一个在自然环境中存在的有多种层次结构和功能结构的系统，人不仅是构成社会的最基本的组成单元，也是认识、利用和改造自然的实践主体，但是人的发展与社会及自然的发展存在着一些矛盾。在人和自然的关系上，原始社会时期，人们敬畏自然，从而出现了对太阳、月亮和火等自然力量的崇拜；农业社会时期，人们顺应自然，基本上是"靠天吃饭"；进入工业社会以后，人们开始头脑发热，试图利用科学技术去征服自然，从而越来越激化了人和自然的矛盾。恩格斯早在 1886 年就已指出，"我们不应过分陶醉于我们对自然界的胜利，对于每一次这样的胜利，自然界都报复了我们"。但是当时恩格斯的话没有受到重视，一直到 20 世纪 50 年代，卡逊在《寂静的春天》中指出了农药对生态的危害以后，才陆续有了这方面的研究和报道，并逐渐引起了人们注意，以致到 80 年代联合国开始提出了可持续发展的概念。

[①] 成思危，中国科学院虚拟经济与数据科学研究中心主任，中国科学院研究生院管理学院院长、教授、博士生导师，第九届和第十届全国人大常委会副委员长，第七届和第八届民建中央主席，华东理工大学名誉校长。原稿载于《环球企业家》。

可持续发展是积极的环保概念。人类社会总是要发展的，但是我们要以最小的代价来实现发展，不可能再退回到原始社会去。在人类经过几千年的农业社会、几百年的工业社会而即将进入知识社会的时候，就需要一种新的文明，这就是节约资源、保护环境、改善生态、人和自然和谐相处的文明，这也就是科学发展观的核心。

2 发展低碳经济要四管齐下

当前可持续发展的重点就是低碳经济，因为人类当前受到全球性的重大威胁就是以二氧化碳为主的温室气体造成了全球性的气候变暖。除了因海平面的上升造成陆地减少之外，气候变化还会导致农业减产、疾病流行、自然灾害频发等问题，都会对人类生存和发展造成威胁。如果要把地表温度上升控制在 2℃ 以下，就要求把大气中温室气体浓度控制在 $450mg/kg$ 二氧化碳当量左右。2007 年全球二氧化碳的排放量为 288 亿吨，据此推算，到 2020 年可能增至 330 亿吨，希望通过不懈的努力，到 2030 年争取减少至 264 亿吨。

我个人认为，发展低碳经济要做好以下四个方面的事情，可以说是要"四管齐下"。

（1）发展不排放二氧化碳的产业，主要包括三类产业，第一类是新能源产业，包括太阳能、风能、潮汐能、核能、水能等不排放二氧化碳的新能源；第二类是发展现代服务业，包括现代金融业、现代信息业、现代物流业、现代会展业、现代咨询业、现代管理业；第三类是文化产业，即提供文化产品和文化服务的产业，其中最时髦的是文化创意产业。

（2）减少二氧化碳排放，就是节能减排和发展清洁煤技术。我国在节能减排方面的潜力还是比较大的，据报道，2008 年全国火电机组平均供电煤耗 349 克/千瓦时，而上海外高桥第三发电有限责任公司供电煤耗仅需 287 克/千瓦时。如果全国的火电机组煤耗都能降至 300 克/千瓦时以下，就能减少 14% 的煤耗。在发展清洁煤技术方面我国也大有可为。例如，以煤为原料的联合循环发电效率将近 57%～58%，而燃煤电厂的发电效率仅为 20%～48%。

（3）设法利用二氧化碳，目前能利用的二氧化碳仅占总排放量很少的一部分，除了简单地将二氧化碳用作饮料和其他的工业原料以外，在化学工业中也应开发以二氧化碳为原料制造一些产品的技术，如用碳酸二甲酯来制造聚碳酸酯的技术。

（4）处理二氧化碳，即二氧化碳的捕集和封存，我国和世界上不少国家已经开始进行这方面的研究，据报道，荷兰政府已计划从 2011 年开始将 1000 万吨二氧化碳泵入距鹿特丹不远的小镇巴伦德雷特的地下两公里处的两个废弃的天然气田，直接封存。但目前看来二氧化碳捕集和封存的成本还是很高的。

3　我国绿色经济发展的重点

我国能源消费量已经从 1978 年的 5.7 亿吨标准煤增加到 2009 年的 30.5 亿吨标准煤。据估计，2020 年我国能源需求量将超过 50 亿吨标准煤，比 2007 年翻一番，如果节能减排的力度不够大，能源需求量甚至可能达到 60 亿吨标准煤。2007 年我国二氧化碳排放量已达到 60 亿吨，在正常发展情景下 2020 年我国二氧化碳排放量将达到 113 亿吨，占全球的 1/3；经过努力节能减排有可能控制在 90 亿吨左右，但仍占全球的 1/4。

由于煤炭是我国的主要能源，目前在一次能源和二次能源中都占 70% 以上，石油和天然气约占 20%，非化石能源只占 9%。我国政府已经宣布，到 2020 年，非化石能源的比重要提高到 15%。但在相当长一段时间内，我国能源的主流仍是化石能源，而且其消费量还会增长。当前由于我国新能源发展基数较低，二氧化碳利用比例不大，封存成本很高，因此我国低碳经济的发展，重点应当放在"少排"上，这是我国和西方国家有所不同之处。我国当前强调的是"低能耗，低污染，低排放"，努力降低碳排放强度（即单位 GDP 的二氧化碳的排放量）。为此我国更倾向于采用含义更广的"绿色经济"来代替"低碳经济"的提法。

"绿色经济"的概念是英国经济学家皮尔斯在 1989 年出版的《绿色经济蓝皮书》中首次提出的。2008 年 10 月，联合国环境规划署发起了"绿色经济倡议"，明确指出：经济的绿色化不是增长的负担，而是增长的引擎。绿色经济不仅包括低碳经济，还包括循环经济、生态经济等诸多方面。循环经济主要是解决资源消耗和环境污染问题，强调低环境负荷；低碳经济主要是针对能源消耗和温室气体减排而言；生态经济主要指向生态系统（如草原、森林、海洋、湿地等）的恢复、利用和发展（如发展生态农业等）。

绿色经济是一种经济的发展方式，它不仅仅会改变我们的能源结构和产品结构，而且会更进一步改变人类的生产方式和消费方式。也就是说，不仅仅在工业部门要注意节能减排，而且每一个人都要注意在自己的消费方式、生活方式上适应绿色经济的要求。

4 发展绿色金融要从两个层次上解决问题

我认为发展绿色金融要从两个层次上解决问题。

首先是政治层次。任何一个国家都不能单独解决全球气候变化的问题，必须靠世界各国共同努力应对。为此2009年年底召开了哥本哈根会议，2010年11月还要在墨西哥的坎昆进一步讨论这个问题。2012年《京都议定书》就要期满，期满之后的格局如何，目前世界各国还在既合作又有分歧的情况下进行讨论。我们认为，首先必须坚持发达国家和发展中国家的责任是共同的但有区别这一基本原则，但是，有些发达国家总想给我国戴上发达国家的帽子，与他们同样对待，这是我们不能接受的。当然我们要讲道理。第一，中国是发展中国家，目前人均GDP只有3000多美元，在世界银行的分类中还属于中低收入国家。我国目前还处在工业化中期，我国的工业，特别是重化工业，必然还要发展，在这种情况下，减少温室气体的排放的难度就更大。第二，我国温室气体的累计排放量仅占世界的9%。第三，我国温室气体的人均排放量只有美国的1/4，根据人权平等的原则，每个人应该有相同的排放权。第四，实际上不少发达国家把许多工业品的生产转移到我国，从而将其排放的二氧化碳也算到我国的账上。

但是，我国并没有因为上述原因而放弃减排的努力。根据2010年3月在英国召开的Bloomberg新能源的财经峰会上的统计，中国近3年来在新能源方面的投入年均增长44.3%，中国2009年在新能源方面的投资占世界首位，这说明我国确实是在努力。但在政治层面上需要各国协商，需要经过艰苦的谈判来达成一致，特别是在《京都议定书》期满以后。

其次是技术层次。如果发展绿色金融，首先要在一些重大项目方面取得技术上的突破。我国在新能源方面做了很多努力，我国现在水电的装机容量是1.9亿千瓦，到2020年要达到3亿千瓦；核电的装机容量将近1000万千瓦，到2020年要达到6000万千瓦以上，在建项目就有2450万千瓦；风电目前的装机容量是2000万千瓦，到2020年要达到1亿千瓦以上；太阳能发电目前是550万千瓦，到2020年将发展到2000万千瓦。

当前除了水能和核能在技术上和经济上基本成熟之外，其他能源都存在一定的问题。例如，风能目前仅在风速达3.2米/秒以上时才能发电，而当遇到台风时还要将叶片拆下以免损坏。自动控制技术也非常重要，由于风力发电出力不均匀，在并入电网时就受到限制，目前我国规定风电并网量不得超过 10%，西欧则因为有智能电网及先进控制技术，所以规定不得超过 20%～30%。此外我国风能资源初步估计为 10 亿千瓦，其中 7 亿是在浅海地区，需要用 5 兆瓦以上的风力发电机，而我国现在多数产品是 1.5～3 兆瓦。在太阳能方面，我国目前主要是第一代的太阳能电池技术，第二代薄膜技术，包括等离子增强化学气相沉积（PECVD）和物理气相沉积（PVD）技术都还要靠引进，第三代 III-V 族多结化合物薄膜还在研制之中。如果我们不能在技术上取得突破，那新能源的竞争力就是很低的。

5　发展绿色金融的几个重要问题

因为现在我国风电成本大概是火电的 2 倍，而太阳能发电的成本是火电的 4 倍。从市场经济原则来看，要解决这个问题还需要靠金融手段。

我们在讨论绿色金融的时候，一定要注意两个问题：一是在当前经济全球化、金融一体化日益发展的情况下，谈论绿色金融不能离开整个国际环境。二是金融活动本身是虚拟经济活动，它是从实体经济中产生，又依附于实体经济的，因此不能脱离和实体经济的关系来谈绿色金融。

绿色金融既包括财政政策和货币政策，还包括各种金融手段。

首先，从财政政策上说，要用税收政策和政府采购政策来支持新能源的发展。在税收上要给新能源产品以优惠，甚至给以补贴。补贴可以算是负税收，例如，欧洲和日本对太阳能的利用都是给以补贴的。在政府支出政策上要明确优先采购绿色产品。在货币政策上，应该对绿色项目的融资给予差别化的对待，适当地降低利率和延长还款期。应当支持有条件的绿色企业发行债券或上市融资。同时，还应当鼓励建立支持绿色产业发展的风险投资基金和产业投资基金，这两类基金通常要采用私募股权基金的形式。此外还有两个可以考虑的措施，一是通过清洁发展机制（CDM）取得一些支持。例如，从风电来看，通过 CDM 项目每度电可以拿到 9～10 分钱。二是要计算环境成本。燃煤发电虽然便宜，但如果将其对环境的影响算上，它的成本就会增高了。现在有人主张收碳税就是这个道理。当然收碳税的问题也是比较复杂的问题，但是从长远看还是应当收的。经初步估算，如果对每度火电征收 4 分钱碳税，就足以支持我国新能源产业的发展。

其次，政府在管制上应该有利于促进绿色经济的发展，要尽可能调动企业和市场的力量，而不要设过多的审批等手续。例如，CDM 是支持减少二氧化碳排放的有效手段，但据说一个项目从提出一直到最后审批要 18 个月，先要经国家发展和改革委员会审批一次，到联合国 CDM 执行委员会（EB）又要审查一次。实际上国内审批通过了，EB 通不过还是没有用。所以，在这种情况下，能否考虑简化国内的审批手续，或改为备案制？

最后，我们要发展碳交易，这也是《京都议定书》提出来的。由于《京都议定书》对发达国家设定了强制性的减排指标，并允许它们到发展中国家去购买减排指标，从而产生了碳交易。但是从当前看，我国在碳交易市场方面的发展还落后于需要，我国实际是碳交易资源最大的提供者，但是我国自己没有发达的碳交易市场，没有定价的话语权。现在大家比较注意的是建立碳交易的机构，我认为更重要的是从制度上建立体制和机制，认真研究我国在碳交易方面有哪些需要注意的问题。

第一，注意交易的品种结构。目前国际上多半是买我国容易实现的碳交易资源，如风能、水能、核能等资源型的品种，实际上难度最大的就是降低现有生产中的二氧化碳排放，还要求发达国家给予技术转移，而目前在这类技术型品种的碳交易为数甚少。这就说明，发达国家目前主要是找我国的好资源买，而在比较困难的资源方面则逃避技术转移的义务。所以在碳交易品种上，既要有资源型的，也要有技术型的，不能只是资源型的。

第二，建立国内的代理机构。建立交易平台非常重要，现在有人说我们一吨碳资源才卖 9 欧元，而到欧洲市场要卖到 12～15 欧元，因此我们吃了大亏。但问题是国内缺乏有经验的代理机构，只好让国外的代理机构赚钱。所以，我们要发展自己的代理机构、自己的交易平台，而且逐步实现国际化。我国现在已经建立了三个交易所，但是交易量还不多，还是需要努力发展。

第三，通过实践不断积累发展碳交易的经验。制度经济学有句名言，"交易先于制度"，任何时候都不可能等设计出非常完善的制度之后再进行交易，主要是从交易过程当中总结经验教训，逐步地完善制度。

第四，注意建立我国的碳资源储备。目前我国的碳资源大量外卖也有弊端。因为今后碳资源价格会越来越高。我们要发展国内的碳资源市场，就要允许国内一些从事长期投资的投资机构购买国内的一部分碳资源作为战略储备。

第五，我们对碳交易毕竟是了解不多，经验也不足。为了设计我国自己的市场规则、平台和标准，学习国外经验是非常重要的。这个学习不能满足于一知半解，要认真地请进来、派出去，认真地分析研究。没有对碳交易充分地了解，很难把我国的绿色金融发展起来。

当前我国的碳交易还只限于现货交易，事实上，在国外期货交易甚至碳金融衍生产品交易都已经发展起来了。据英国政府估计，2012 年全世界碳交易市场约为 1400 亿欧元，世界银行估计为 1500 亿美元，这是一个很有前景的事业。但是我们如果不能够抓紧这两年的时机，锻炼我们的队伍，建立我们的平台，完善我们的制度，我们就可能丧失这个机遇。我国作为最大的碳资源供给国，应该有一个国际化的碳交易市场，应该在国际碳交易市场中有一定的话语权。我们要在吸收国外经验的前提下，结合我国的实际，努力开拓我国的绿色金融事业。

【研究论文】

中国制造业环境管制对全要素生产率的影响[①]
——波特假设检验

□ 曹 静[②] 詹 昊
（清华大学经济管理学院）

摘要： 传统经济学理论认为环境管制将对生产力的增长有负效益，而"波特假设"则认为环境管制会促使企业进行技术革新，并最终对生产力有正的影响。本文以中国制造业为切入点，用制造业企业层面的数据，沿用 Petrin 以中间投入物为代理变量的方法估计中国制造业的全要素生产率。然后对于影响全要素生产率的因素进行计量分析，并尝试确定环境管制对于中国制造业全要素生产率具有怎样的影响，检验波特假设在中国制造业是否成立。

关键词： 环境管制 全要素生产率 波特假设

Environmental Regulation and Total Factor Productivity in China's Manufacturing Sector: Testing the Porter Hypothesis

Cao Jing，Zhan Hao

Abstract： In conventional economics theory, environmental regulation would hinder the productivity growth, in the opposite "Porter Hypothesis" argues that environmental regulation would encourage firms to create and adopt new technology, while eventually exert positive effect on the productivity growth of the firm. In this paper, I will take manufacturing industry as a starting point,

---

① 本研究得到教育部人文社会科学研究青年基金项目的支持（项目号：08JC790060）。

② 曹静，通信地址：清华大学经济管理学院舜德楼 128；邮编：100084；电话：010 - 62789700；caojing@sem. tsinghua. edu. cn。

use firm level panel data，follow Levinsohn and Petrin's method which use intermediate input as proxy to estimate total factor productivity（TFP）in china's manufacturing industry. After that，I will construct a multi variable regression model to evaluate what's the effect of environmental regulation on the TFP growth. By doing this，the paper tries to test whether the "Porter Hypothesis" exists in China's manufacturing industry，and explore policy recommendations base on the research results.

Keywords：Environmental regulation　Total factor productivity（TFP）Porter hypothesis

1　引言

传统理论通常认为，实现环境保护与经济增长两个目标，是"鱼与熊掌不可兼得"。如果强调 GDP 的快速增长，则可能过度消耗资源，污染环境；而如果实施严厉的环境管制，则可能给企业带来更高的成本，减缓生产率的增长，削弱企业竞争力。后者主要体现在以下三个方面：一是在环境管制下，企业需要分配资源（包括劳动力、资本、技术等）用于污染减排，而这部分资源的机会成本就是失去了直接应用于生产的资源，因此，生产率降低了，成本提高了，利润减少了；二是控制、减少污染的技术本身可能会降低生产的效率；三是环境管制可能会导致能源价格上涨，使得企业用于生产的资源减少。在传统的市场经济学看来，人为的干预、管制或者规定越少，将越有利于更快地发展经济。换句话来说，环境管制越严厉，对企业生产力发展的阻碍作用就会越强，而对于一个国家的经济发展亦会产生负面效应。在这种理论的指导下，中国政府似乎陷入了一个两难的境地：经济发展和环境保护两者的愿望都很强烈，是像西方国家一样先谋经济发展后治理，还是以牺牲经济增长来保护环境，应该如何平衡环境管制和经济发展成为一个难题。

在这个两难问题上，Michael Porter（波特）在其两篇非常著名的论文[1,2]中，从一个新的视角重新审视了这个问题。他提出，更加严厉的环境管制可能会对企业带来正面的效益，即所谓的"波特假设"或者"波特效益"，而这种正面效益是通过促进技术革新而产生的。在文中，Porter 谈到："设计恰当的环境管制（经济工具，如环境税或者可交易污染许可证）可以促使企业进行技术革新，而这种技术革新带来的效益可以部分抵消甚至超过遵守环境管制所产生的成本。"[2]事实上，Porter 的论证是建立在这样一个事实基础之上的，即污染实际上是一种经济资源浪费，其中包括了不必要以及不完全的资源利用，这就是说减少污染可能会帮助企业改进使用资源的方法。Porter 在文中还指出："减少污染往往很巧合地与应用此种资源的生产力提高同时出现[2]。"可以看出，对 Porter 来说，传统的观点是静态的、狭隘的，没有将企业对环境管制的反应考虑进去，面对日益高涨的环境污染成本，企业必然会通过技术革新寻求新的生产技术与工艺，来达到管制要求，而这些新技术、新工艺或者新产品则可能会在降低污染的同时，提高生产效率、降低生产成本或者提升产品价值。这种波特假设的实现过程可参见图 1。

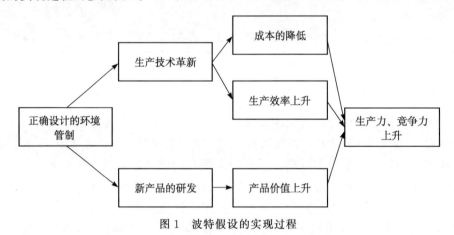

图 1　波特假设的实现过程

Fig. 1　Implementation process of Porter Hypothesis

在学术界，波特假设的提出自始至终充满了争论，可能某些环保主义者和政策制定者喜欢波特假设这种双赢的结果，然而以 Palmer 等[3]为首的反对者提出了这样一些疑问：①支持波特假设的经验结果都是故事性的特例，其结果不能一般化，即不能推广到一般情况；②在标准的新古典经济学中，企业是完全理性的，如果有减排且提高效益的情况存在，为何它们不理会这种可能产生更多利润的策略，而需要外部的环境管制来帮助它们达到这样一个结果？对此 Porter 等的反驳意见是，企业是追求利润最大化的实体，"管制对创新起到了激发器（spur）的作用，这种可能性的上升是由于真实世界并非如过分乐观者的信念那样，企业总是能做到最佳选择"。虽然理论上的讨论仍然很激烈，但实证上波特假设也并没有得到验证，支持和反对的证据都存在。也许对波特假设的争论会一直持续下去。波特假设究竟是个别现象，还是普遍适用的真理，目前很多国际学者开始重新审视这个问题。考虑到环境管制仅在最近几十年才开始，而实证研究更是少之又少，这就要求我们对这个问题进行更加深入的研究。在这里我们应用中国相关产业的数据，利用计量经济学模型，采取实证分析的方法，建立理论框架和回归方程模型，来检验波特假设在中国相关产业的存在性问题。另外，进行中国环境管制对制造业生产力的实证研究其本身具有非常重要的政策意义，特别是在中国追求可持续科学发展的今天，政策制定部门面临着经济增长与环境保护的两难境地。实证研究的结果有利于考察环境管制对经济活动带来的损害评估或者刺激技术进步方面的程度，对环境政策的制定与结果预期存在着一定的参考价值，有助于行之有效的政策的制定和实施。

本文分为以下几个部分：首先，我们对波特假设相关的文献进行理论与实证方面的文献综述；其次，我们介绍本文实证研究所使用的数据来源与模型方法，其中包括对全要素生产率测算与波特假设验证方面的回归模型介绍；最后，根据我们计量模型的回归结果与计量方程检验，我们得出研究的基本结论。

2 文献综述

2.1 传统经济学观点

早在 20 世纪 70 年代，经济学研究者们就对政府管制对于经济增长的作用有着浓厚的兴趣。许多学者从经验分析的结果中发现环境管制的确会降低企业乃至整个国家的生产率。这种研究结果与传统的经济学理论是相一致的，支持了自由市场带来的好处。例如，Dension 在 1979 年的论文中指出，美国在 1972～1975 年，16％的生产力下降（每年 0.35％）是由政府政策及管制造成的[4]。另外，Norsworthy 等的研究指出，1973～1978 年，制造业劳动生产力的下降，12％是由环境管制造成的[5]。同样是在制造业中，Christainsen 和 Haveman 用计量经济学的方法，以环境管制的强度为解释变量，指出 1973～1975 年劳动生产力的降低，8％～12％是由环境管制造成的[6]。Gray 在 1987 年用美国的数据估计了生产率由于职业安全、健康管理和环境管制导致的下降。他发现，经过调整一些计量误差，管制会显著地降低全要素生产率的增长率，全要素生产率每降低 0.44％，其中 30％是由于这种管制[7]造成的。1995 年 Gray 和 Shadbegian 完成了一个类似的研究，他们运用工厂层面的数据得到了与 1987 年 Gray 相似的结果，他们对美国三个产业（纸浆与造纸业、石油提炼业和炼钢业）的研究发现，反映管制严格程度的企业污染治理成本与生产率之间存在着负相关关系，提高环境绩效并未给企业带来足以弥补遵循成本的收益[8]。除此之外，Gallop 和 Roberts 考察了环境管制对于 56 个发电厂的影响，他们用成本函数方法指出，空气污染物二氧化硫的管制造成了企业生产力下降 0.59%，使美国电力行业生产率增长在 20 世纪 70 年代减缓了 43%[9]。Barbara 和 McConnell 分析了美国五个严重污染产业的情况，度量了环境管制的直接影响，即污染治理成本的高低，结论是环境管制会带来生产率的负面影响。该研究也测算了管制的间接影响，即制造业核心产品投入品的变化，在所考察的五个产业中，只有两个产业具有正的间接影响，但也不足以弥补直接的政策遵循成本；在另外三个产业中，不仅直接的污染防治成本会增加总成本，而且存在着递增的间接成本[10]。另外一项研究是针对 50 个界定清晰的产业所进行的，该研究从检验传统假设出发，同时检验了波特假设的有效性。研究结果表明，既无总体趋势表明环境质量好的工厂就一定是获利少的，也不存在证据说明好的环境绩效会使企业获得市场优势[11]。也有一些学者认为环境管制对生产力的增长没有什么影响，Portney 在 1981 年指出这是因为只有 2% 的国民生产总值（GNP）被用于污染管制，所以管制对生产力增长没有什么影响[12]。Norsworthy 等研究者在 1979 年的论文中也认为减少污染的资本支出对生产力的增长影响很小[5]。

2.2　波特假设的争论

虽然很多学者认为波特假设只是特例，并非一般情况，但很多研究者也提出了相反的看法并加以反驳，其中被引用最多的是 Meyer 在 1993 年发表的论文，在这篇文章中 Meyer 考察拥有相对严格环境管制的州是否比松的环境管制的州有更差的经济表现。他的研究结果表明，环境保护和经济增长存在一种微弱但是持续的正相关，最起码追求环境质量不会阻碍经济增长与发展[13]。除此之外，还有许多专家学者的实证研究继续对波特假设提供有力的经验证据。Berman 和 Bui 的一项关于洛杉矶地区炼油厂的研究表明，在 20 世纪 80 年代后期，洛杉矶地区实行了较为严厉的空气污染管制措施，但此地炼油厂的生产率却比其他地区显著地增高[14]。Alpay 和 Buccola 通过对墨西哥食品加工业的研究指出，在 90 年代墨西哥食品加工业的污染管制压力提高了 10%，但是生产率却上升了 2.8%。不过在对美国食品业的研究中并未发现类似的结果[15]。

还有一些学者希望通过建立理论模型来论证波特假设的正确性或探讨其成立的条件。Simpson 和 Bradford 建立了一个战略性贸易模型，以此来说明环境管制能够为国内产业提供战略优势。在该模型中，环境管制被视作一种承诺手段，传递了企业将激进地投资于降低边际成本的研发的信息。这里，波特假设的成立需要对竞争对手行为等做限定[16]。Xepapadeas 和 de Zeeuw 等还论证了在合理的情境下，创新也许能减轻甚至完全抵消环境管制带来的成本[17]。Ambec 和 Barla 建立了一个再协议的委托-代理模型，说明了环境管制可以克服组织惰性。在该模型中，经理作为代理人对研发投资的结果拥有私人信息，成功的研发项目意味着可采用生产率更高、污染更少的新技术。为了鼓励代理人揭示该信息，股东（即委托人）必须在代理人报告研发成功时以红利提供报酬（即所谓信息租金）。但是，这种租金是委托人的一项成本，它减少了研发投资的激励。因此，环境规制能够降低信息租金，从而增加研发投资[18]。最后，Mohr 提出，虽然新技术的生产率将随着产业的经验累积而提高，但是由于无人愿意承担最初的学习成本，新技术可能很难被采用，而环境管制从外部强迫企业采用新技术，从而为整个产业带来长期的收益[19]。从这些理论模型的分析来看，波特假设需要在一定的理论假设的前提下才能成立，第一，这个模型需要是动态模型而非静态模型，第二，环境管制必须是"恰当设计的"。这种"恰当"指的是环境管制往往要求政府从命令控制型（command and control，CAC）转变为以市场为基础的激励性政策工具（market-based instrument，MBI），而促进企业持续进行技术创新正是后者的重要特征之一。

除了那些直接估计全要素生产率增长率，并与管制相联系的方法之外，许多学者尝试去确定环境管制和创新之间的关系。Oates 在 1995 年用一个简单的利润最大化企业的模型，说明了在完全竞争的产业中，提高污染税会增加企业采用新的减少污染排量技术的激励[20]。Lanjouw 和 Mody 用遵循环境管制和相关专利的国际支出数据，分析了遵循环境管制和相关专利成本增加的影响。他们发现，遵守环境管制成本的上升会使得新环境技术专利增加，但这种增加存在着 1～2 年的延迟[21]。这对于波特假设可以说提供了弱的支持。

但也有的学者持不同观点，例如，Schmalensee 指出，虽然环境技术研发由于遵守更严格的环境管制而增长，但是这种增加是以牺牲其他更有利润的研发为成本的[22]。McCain 发现，如果受管制的企业预测这种新技术的采用和效率的提高会带来更加严格的管制标准，它们可能不愿意创新或者采取更加有效率的污染控制技术[23]。Jaffe 和 Palmer 用美国制造业 1973～1991 年工厂层面的数据，估计了美国制造业中研发总支出和减少污染排放量技术专利运用成本（作为衡量环境管制程度的代理变量）之间的关系。他们发现研发支出（弹性为 0.15）与专利数量存在着正相关，即污染治理成本每上升 1%，研发的支出将提高 0.15%，但这种正相关并不统计显著[24]。类似地，Brunnermeier 和 Cohen 发现减少污染的支出确实会增加创新，但环境相关专利与管制次数却没有发现统计上的相关性[25]。

2.3 中国环境管制实证研究的发展

中国自 1982 年建立国家环境保护总局，1983 年在国务院第二次全国环境保护会议上规定把环境保护作为中国的一项基本国策以来，环境政策建设主要致力于：建立环境标准和法规，加强环境监测和环境统计，这是实施一切环境政策的基础；带有计划经济色彩的指导企业治理污染的"三同时"政策，即企业生产计划与环境保护技术投资相联系；由独立于生产管理机构的环境保护部门监督企业的污染行为[26]。此外，作为中国环境政策重要组成部分的还有"排污收费"、"环境影响评价"、"环境保护目标责任制"、"企业环保考核"、"城市环境综合整治定量考核"、"排污许可证制度"、"污染集中控制"、"污染源限期治理"[27]等规章制度。在各地的实践中，这些宏观环境政策的原则被不断深化和细化，形成了各具地方特色的环境政策和环境管理制度。上述环境政策的制度建设的总原则可以归纳为"谁污染，谁治理"[28]。

中国环境政策的实证研究由于微观数据较难获得，目前在波特假设方面的研究还基本处于空白，大部分研究都是利用省级或者国家级的较宏观数据进行分析，从生产率测量与环境库兹涅茨曲线的实证研究方面展开。其中在国际上比较有影响力的是日本学者马奈木俊介运用数据包络方法（DEA）对中国各污染物排放进行市场与非市场生产率（绿色生产率）的估算，然后考察不同时期环境管制不同所带来的这两种测算方法得出的不同的生产率变化的情况，他们发现中国环境管制的强度远远落后于中国经济发展的程度，主要体现在管制手段集中于命令控制型，而排污收费制度也与真正意义上的环境税相距甚远。因此，环境保护和经济增长之间实证研究发现确实存在一定的矛盾。另外，对环境库兹涅茨曲线的实证检验发现不同污染物的结果不尽相同，废气数据不能支持库兹涅茨曲线理论，而固体废弃物呈现较弱的倒"U"形库兹涅茨曲线[29]。

总的来说，中国环境管制与经济增长、生产率的研究基本处于宏观层面的研究，缺乏微观企业层面的定量分析。此外，文献中如马奈木俊介等的研究多采用中国20世纪90年代的数据，缺乏数据的更新。目前国内还甚少对波特假说进行实证研究，因此，本文基于中国企业层面的微观数据，利用计量经济学模型，采取实证分析的方法，来检验波特假设在中国制造业内部的存在性问题，对中国环境管制与全要素生产率之间的实证关系进行探讨，从而揭示中国环境政策改革过程中的一些基本规律，为进一步政策改革提供有益的政策建议。

3　研究方法

本文对中国制造业企业的全要素生产率的测量采取了Petrin等在2003年的研究中使用的方法[30]，然后根据中国国情建立计量回归模型，来检验环境管制以及其他相关因素对中国制造业企业全要素生产率的影响。

3.1 数据来源

本文采用了世界银行 2003 年开展的投资环境调查（Investment Climate Survey）的企业面板数据（2000～2002）。该调研调查了中国 8 座城市、2400 个企业样本，主要调查对象为企业的高级经理，数据包括公司的性质、结构、产权、所有制、经营状况、相关营业财务数据、雇用情况、各方面支出、研发等全方位的数据。虽然调研目的并非专门为研究环境管制和企业生产率而进行的，但由于其广泛的数据源和客观而科学的调查方法，其企业数据对整个行业而言还是具有一定的代表性。本文整理并提取其中与环境管制、企业生产力、经营状况等方面有关的数据，重点使用制造业内的企业数据进行研究。之所以选取制造业，是因为环境管制方法与强度对制造业企业的影响更为直接、迅速，而对农业、服务业的影响较制造业没有那么明显。因此，大部分此领域研究者的文章也是运用制造业的数据来进行分析。

3.2 模型方法

本文的研究分为两个部分。在第一部分，首先利用企业层面的数据，估计制造业企业层面的全要素生产率。在第二部分，建立计量模型，尝试用环境管制和其他企业特征的相关数据来解释全要素生产率的变化，由此来检验波特假说在中国制造业是否成立。

首先，如何来估计中国制造业企业的全要素生产率？Olley 和 Pakes 设计了一种方法，用投资作为代理变量来估计不可观测到的冲击对企业生产率的影响[31]。这种方法曾经被普遍使用，但 Petrin 等[30]指出，用投资作为代理变量并非十分有效，因为企业面对生产力冲击，存在潜在的调整成本，正因为有这种调整成本的存在，使得投资不能准确迅速地对生产率冲击做出反应，从而违背了一致性。Petrin 等[30]在论文中提出一种新的计算方法，即使用中间投入量作为代理变量来估计企业的生产率。这种方法主要有三种好处：一是获得数据的方便性，可以直接从总产出和增加值中计算出来，而不需要额外地获取成本，使得研究者可以从原本的数据中很容易地得出所需要的新数据。二是如果运用投资作为代理变量来计算，那么许多投资为零的企业的数据就变得不能被使用，而这种投资为零的企业是普遍存在的，特别是在某些发展中国家，这种投资为零的情况非常多。这就为分析研究带来数据可得性的困难，而使用中间投入量作为代理变量就可以很好地解决这个棘手的问题，因为大部分企业特别是制造业还是需要正的中间投入量的，如电力、原材料这些生产活动必不可少的中间投入。三是相比较于投资，中间投入量对于生产率的反应更加迅速、更加准确，而投资的数额很可能是前几年就设定好的，从而存在着滞后和不准确性。

根据 Petrin 等[30]，假设每个企业拥有一个科布-道格拉斯生产函数：

$$\ln y_{i,t} = a_0 + a_1 \ln l_{i,t} + a_2 \ln k_{i,t} + w_{i,t} + \varepsilon_{i,t} \tag{1}$$

式中，$y_{i,t}$ 为企业的产出增加值；$l_{i,t}$ 为企业的劳动力投入；$k_{i,t}$ 为企业的资本投入。比较特别的是中间投入 $w_{i,t}$、$w_{i,t}$ 可以被企业观察到但不能被我们所了解，而且 $w_{i,t}$ 与企业使用的资本相关（典型全要素生产率估计中的假设，详见 Olley 和 Pakes[31]或者 Petrin 等[30]），与此同时，它还与企业被施加的环境管制相联系。

中间投入量的需求方程可以写作 $m_t = m_t(w_t, k_t)$，用它作为代理变量去控制内生性问题，假设 w_t 对于 k_t 存在单调性，则我们可以把中间投入量的需求方程转换为 $w_t = w_t(m_t, k_t)$

于是，可以把公式（1）改写为以下形式：

$$\ln y_{i,t} = a_0 + a_1 \ln l_{i,t} + \phi(k_{i,t}, m_{i,t}) + \varepsilon_{i,t} \tag{2}$$

式中，$m_{i,t}$ 是中间投入量，函数 $\phi(\cdot)$ 的形式在估计公式（2）的时候是不知道的，所以将这一部分视作一个非参数部分，可以用半参数方法来估计 a_1 和 a_0。

然后，需要估计 a_2，假设：

$$\phi(k_{i,t}, m_{i,t}) = a_2 \ln k_{i,t} + w_{i,t} \tag{3}$$

从以上的估计可以得到 $\phi(\cdot)$ 的预测值。遵循 Petrin 等[30]的假设，假设 $w_{i,t}$ 服从一阶马尔科夫过程 $w_{i,t} = E[w_{i,t} \mid w_{i,t-1}] + \eta_{i,t}$，这里 $\eta_{i,t}$ 是与 $k_{i,t}$ 不相关的生产力创新。由此可以用这一个条件作为矩条件，用广义矩估计的方法来估计 a_2。

当估计完 a_0、a_1 以及 a_2，就可以计算每个企业的全要素生产率：

$$\text{TFP}_{i,t} = \ln y_{i,t} - a_0 - a_1 \ln l_{i,t} - a_2 \ln k_{i,t} \tag{4}$$

现在已经计算出了企业层面的全要素生产率估计值，剩下的工作就是要检验环境管制是否对于企业的全要素生产率有影响，究竟是正相关还是负相关。

在本文的第二部分将用环境管制和其他企业特征的相关数据来解释全要素生产率，进行计量回归分析，由此来检验 Porter 的观点在中国制造业的正确性和存在性问题。这里可以用全要素生产率作为被解释变量，根据前人经验、中国现实国情和数据本身的可得性选取相关的重要解释变量，建立计量回归模型来检验企业层面环境管制对于全要素生产率的作用。基本的模型设定为

$$\text{TFP} = \beta_0 + \beta_1 \text{INSP} + \beta_2 \text{EXP} + \beta_3 X + \varepsilon \tag{5}$$

在模型中 INSP 表示检查率或者检查的力度、强度。EXP 为企业环境管制的直接支出，如罚款、行贿等。X 为企业层面的相关特征，并预计这些特征会对于企业全要素生产率有着正面或者负面的影响，如企业规模、所有制（国有或是合资或是私人）、R&D 的投资、是否属于严重污染行业等，根据数据的可得性，本文建立了一个线性多元回归方程：

$$TFP = \beta_0 + \beta_1 INSP + \beta_2 EXP + \beta_3 POLL + \beta_4 SKILLRATE + \beta_5 SCALE$$
$$+ \beta_6 RD + \beta_7 OWNERSHIP + \beta_8 EDU + \varepsilon \tag{6}$$

方程中被解释变量和解释变量的意义如表 1 所示。

表 1　方程变量解释

Tab. 1　Variables definition

解释变量	变量含义
INSP	表示检查率或者检查的力度，这里用企业与环境管制部门交涉时间来衡量
EXP	为企业由于环境管制的直接支出，如罚款、行贿、送礼等
POLL	表示企业是否属于高污染行业的 0～1 变量，1 代表重污染行业，0 代表非重污染行业
SKILLRATE	熟练工、高技术工人与企业总人数的比
SCALE	企业的规模，用当年的总产出的对数表示
RD	过去三年研发的投资总和
OWNERSHIP	企业的所有制性质。上市公司（1），私人有限公司（2），合资企业（3），独资企业（4），合伙人制（5），其他（6）
EDU	代表企业总经理的教育水平。没有完成初中教育（1），初中教育水平（2），职业技术学校（3），上了一些大学（4），研究生学历（5），研究生以上学历（6）

关键的问题是，根据已有的数据与模型，在中国环境管制是否能够促进企业全要素生产率的增长？程度如何？当然由于样本大小和年限跨度有限的问题，本文还不能从一个长期的视角来考察波特假设，尽管长期来看其成立的可能性更大。

4　回归结果

根据世界银行 2003 年投资环境调查中 2000～2002 年制造业的企业数据作为一个时间序列，遵循 Petrin 等[30]的文章中所介绍的方法，以企业产出增加值来计算，根据公式（4）就可以求出中国制造业企业层面的全要素生产率，然后根据公式（5）可以验证波特假设是否在中国制造业成立。计算结果如表 2 所示。

表 2　波特假设验证的回归结果

Tab. 2　Regression results of testing Porter Hypothesis

变量	回归系数	稳健标准差	t 值	P 值
INSP	−0.004 278 5	0.004 657 6	−0.92	0.359
EXP	0.001 329***	0.000 137 8	9.65	0.000
POLL	0.318 163	0.088 053 6	0.36	0.718
SKILLRATE	1.587 28***	0.243 725 9	6.51	0.000
SCALE	0.293 564 7***	0.026 518 5	11.07	0.000
RD	1.83e−07	1.69e−07	1.09	0.278
_IOWNERSHIP_2	0.654 041 2***	0.157 736 9	4.15	0.000
_IOWNERSHIP_3	0.673 635 3***	0.181 371 5	3.71	0.000
_IOWNERSHIP_6	0.358 115 3***	0.113 790 2	3.15	0.002
_IEDU_2	0.890 930 9***	0.217 839 4	4.09	0.000
_EDU_5	0.710 753 3***	0.209 354 4	3.39	0.001
_EDU_6	0.520 307 5**	0.244 078 6	2.13	0.034
Constant	−3.608 523***	0.458 453 3	−7.87	0.000
回归方程 F 值	63.19			
回归方程 P 值	0.000***			
R^2	0.323 3			

注：***、**分别表示 1%、5%显著性水平下显著。

　　研究发现表征环境管制变量之一的 INSP 变量在回归统计中并不显著，在波特假设的实证研究中如何选取好环境管制强度的代理变量固然对分析研究这方面的课题非常重要，但环境管制领域本身就缺乏能够用来当做代理变量的变量，即使理论上可行，但在实际世界中却难以得到准确的量化数据。可以说这方面数据的缺乏一直是一个很大的难题。本文采用的是以企业与环境管制部门交涉的时间长短作为管制的代理变量，可能这一变量不能够直接量化到企业的生产成本中去，因为这种环境管制对管理层来说不能够量化为账上具体的数字，则对生产决策的影响具有不确定性，从而对全要素生产率的影响就不显著。

　　与 INSP 不同的是，EXP 变量在 1%显著性水平下显著，P 值约等于 0，其背后隐含的经济意义为每单位（千元）由于环境管制造成的直接支出会使得全要素生产率有 0.0013%微弱的增加。而变量 EXP 的显著性对于波特假设在中国制造业中是否存在提供了微弱的支持。但在这里，变量 EXP 可能存在着规模效益，即随着企业规模的增加，其由于环境管制方面的直接支出也会增加，由此影响计量回归的结果。因此，这种可能性也是在今后的研究中需要考虑和排除的。另外，解释变量 POLL 即企业是否属于重污染行业不显著，可能重污染行业由于其生产规模、生产成本较大，受固定资本影响较大，在有效样本时间区间反应不灵敏，如果样本时间序列更长影响会更明显些。SKILLRATE 变量在 1%显著性水平下显著，其经济意义为熟练工、技术工所占总员工比重每增加

1%，会使得企业全要素生产率有 1.59% 的增长，由此可见，提高工人的技术水平，增加企业职工中高技术人员的比例，确实对提高企业的全要素生产率有重要作用。SCALE 变量同样在 1% 显著性水平下显著，这体现出了中国制造业存在的规模效应，企业规模每增加 1%，会带来全要素生产率 0.29% 的增长。而过去三年总的研发支出，即 RD 变量并不显著，通过观察数据，发现一种可能是由于许多企业并没有研发支出，所以变化不大。当仅对存在研发支出的企业进行回归之后发现，在 90% 置信水平下，每 1% 研发的支出增加会使得企业全要素生产率下降 0.86%，负的影响可能是由于研发是一项长期投资，在短期内可能会由于减少了本应该用于生产、提高生产力的资源与资本，对于全要素生产率有相反作用。另外一种可能是如果在这里引入之前提到的研发滞后项可能会更为准确，因为研发的作用可能的确是存在着滞后性，其作用要过几年甚至几十年才看得到，但在本文的研究中，可获得的数据并不能够允许这样计算。而关于企业的所有制，相对于上市公司，私有制企业会有至少 0.65% 的增长（1% 显著性水平下显著），合资企业会有至少 0.67% 的增长（1% 显著性水平下显著），其他类的也有至少 0.36% 的增长，而在数据样本中并没有出现独资或合伙人制的制造业企业，可能与行业的特点有关。至于企业管理者的教育水平，体现了教育回报的规模递减，相对于未完成初中教育的管理者，完成了初中教育的总经理会给企业带来至少 0.89% 的增长（1% 显著性水平），而研究生学历和研究生以上学历，则会分别带来相对 0.71%（1% 显著性水平）和 0.52%（5% 显著性水平）的增长。

对于上述所建立的方程是否正确、是否遗漏高次项、是否存在异方差问题以及多重共线性等问题，还需要进行进一步的检验工作。随后本文还对建立的回归方程模型进行 RAMSEY RESET、White 异方差、方差膨胀因子、误差项正态分布假设等各项检验工作。根据 RAMSEY RESET 的检验，我们可能还遗漏一些和环境管制相关的变量，如滞后项等，但是我们的数据中只有 2002 年有这方面的数据，因此，由于数据的限制无法进行这些尝试。在进行方程回归计算的过程中，为了避免异方差和序列相关等问题，我们也进行了稳健标准差的回归分析。White 异方差检验结果返回的 P 值为 0.6848，不能够拒绝原假设，即方程不存在异方差性的问题。为了检验方程多重共线性的问题，本文计算了方差膨胀因子（variance inflation factor，VIF），发现除 EDU、OWNERSHIIP 这些分类变量外，其余解释变量方差膨胀因子都在可以接受的范围之内。

从前面的计量回归结果中我们可以看出，尽管与环境管制部门交涉的时间对中国制造业企业全要素生产率增长并没有显著的作用，即解释变量 INSP 并不显著，但由环境管制而导致的支出 EXP 则对全要素生产率有显著却微弱 0.0013

的正面促进作用。所以不能否定波特假设在中国制造业的存在性和正确性，环境管制对全要素生产率的增长确实有微弱的正面影响。之所以会得到这种微弱而显著的经验分析结果，可能是由于这样一些原因：一是对于如何衡量环境管制强度，仍然是一个非常困难的议题。而我国环境管制方面数据严重匮乏更进一步加剧了量化环境管制强度的困难；二是相对于企业的生产、投资等方面的大量支出，这些企业在消除污染、遵循环境管制方面的支出在样本区间 2002 年附近还是较少的，中国在 2005 年后实施"十一五"节能减排政策之后有较大的环保投入，而之前企业这方面的投入较少。另外，由于数据的局限性，如果能够严格区分从生产、投资过程中提取出用于减少污染和遵循环境管制方面的支出，则分析结果可能会更具有说服力一些。但总的来说，变量 EXP 对于中国制造业企业全要素生产率正面和显著的促进作用，仍为波特假设在中国存在的可能性提供了一定的支持。

5 结论

环境保护与企业生产力发展，一直以来人们一般认为这两者是一种权衡取舍的关系。但波特假设的出现，却给人们一个不同的角度来思考这个问题，也许可以在环境和企业生产力发展这两个方面实现双赢。

本文对这种波特假设在中国制造业企业层面是否存在进行了考察，研究环境管制是否能够对企业生产力的发展带来正面的作用，而非反面的阻碍作用。本文遵循 Petrin 等[30] 的 TFP 计算方法，使用世界银行 2003 年投资环境调查的数据，估计了受调查中国制造业企业 2000～2002 年的全要素生产力水平。与此同时，为了研究波特假设在中国制造业的存在性问题，本文还以企业全要素生产率为被解释变量，建立了计量回归模型，对 2002 年环境管制与企业全要素生产力之间的关系进行了重点考察。最终的计量回归结果证实了波特假设在中国制造业中是存在的。具体来说，环境管制对中国制造业企业的全要素生产率有微弱而显著的正面促进作用，但程度仍十分微弱。此外，在研究这两者关系的过程中，本文还发现对于全要素生产率，企业规模、员工素质、所有制形式、管理者的教育水平等因素都起到了关键的作用。

实证分析的结果对中国环境保护工作的参考价值不言而喻。正确设计的环境保护政策能够实现环境保护和制造业企业生产力发展的双赢。这正是我们希望看到的。中国的环保事业的发展与进步不再是一定要牺牲企业生产力、经济增长为前提才能够完成的；恰恰相反，中国环保工作可以在不牺牲生产力甚至提高生产力的同时，加强环境管制方面的工作。

如果将本文的结果和其他国家（地区）实证研究加以比较，可以认为，虽然各种研究结论差别很大，但这并非推翻了波特假设，这是因为波特假设成立的一个前提条件就是环境管制的方法与政策必须是"设计恰当"或者说"正确设计"的。目前实证研究发现结果有正面作用，也有负面作用，或者统计意义上不明显，这些都可能和具体地区、不同环境管制是否设计恰当有紧密关系。另外，方法论上还存在很大的差异性。例如，采用什么变量来表征环境管制的强度，如何体现政策手段，如传统的命令控制型（command and control，CAC）与以市场为基础的激励性政策工具（market-based instrument，MBI）对生产率影响的差异等。

总之，本文是针对环境管制对全要素生产率作用的一个初步的实证研究，特别是利用中国制造业的数据，对于波特假设在中国是否存在的一个检验。希望此分析结果能够给予中国环境保护政策的制定提供一定的参考价值，争取实现环境保护与经济增长的双赢。但是由于数据来源的匮乏，本文也存在种种不足，如如何选取企业层面环境管制强度的代理变量。另外，波特假设旨在刺激技术创新，从而带来整个企业层面的生产率提高，然而这通常需要一段较长的时间，而目前多数实证研究可能研究的时间年限仍太短。重要变量 EXP 可能存在的规模效应对于实证分析结果的影响也是我们需要进一步深入研究和考虑的。此外，本文主要聚焦于中国制造业整体，没有对不同行业的波特假设进行分别的验证，也可能在某些行业波特假设成立，而在其他行业不成立，这些都需要在将来进行更为细致严谨的研究。

参 考 文 献

[1] Porter M. America's green strategy. Scientific America, 1991, 264 (4): 168

[2] Porter M, van der Linde C. Toward a new conception of the environment competitiveness relationship. The Journal of Economic Perspectives, 1995, 9 (4): 97～118

[3] Palmer K, Oates W, Portney P. Tightening environmental standards: the benefit-cost or the no-cost paradigm. The Journal of Economic Perspectives, 1995, 9 (4): 119～132

[4] Dension E. Accounting for slower economic growth: the United States in the 1970s. Washington: The Brookings Institution, 1979

[5] Norsworthy J, Harper M, Kunze K. The slowdown in productivity growth: analysis of some contributing factors. Brookings Papers on Economic Activity, 1979, 10 (2): 387～421

[6] Christainsen G, Haveman R. Public regulations and the slowdown in productivity growth.

American Economic Review, 1981, 71 (2): 320~325

[7] Gray W B. The cost of regulation OSHA, EPA and the productivity slowdown. American Economic Review, 1987, 77 (5): 998~1006

[8] Gray W B, Shadbegian R J. Pollution abatement cost, regulation and plant level productivity. Washington D C: NBER Working Paper, 1995

[9] Gallop F , Robert M. Environmental regulations and productivity growth: the case of fossil-fueled electric power generation. Journal of Political Economy, 1983, 91: 654~674

[10] Barbara A, McConnell V . The impact of environmental regulations on industry productivity: direct and indirect effects. Journal of Environmental Economics and Management, 1990, 18: 50~65

[11] Repetto R. Jobs, competitiveness and environmental regulation: what are the real issues. Washington D C: World Resources Institute, 1995

[12] Portney P. The macroeconomic impacts of federal environmental regulation. *In*: Peskin HM, Portney P R , Kneese A V . Environmental Regulation and the U. S. Economy. Baltimore: Johns Hopkins University Press, 1981

[13] Meyer S. Environmentalism and economic prosperity: testing the environmental impact hypothesis. Cambridge, Mass: Massachusetts Institute of Technology, 1992

[14] Berman E, Bui L. Environmental regulation and productivity: evidence from oil refineries. Review of Economics and Statistics, 2001, 83 (3): 498~510

[15] Alpay E, Buccola S. Productivity growth and environmental regulation in Mexican and U. S. Food Manufacturing. American Journal of Agricultural Economics, 2002, 84 (4): 887~901

[16] Simpson D R, Bradford R L . Taxing variable cost: environmental regulation as industrial policy. Journal of Environmental Economics and Management, 1996, 30: 282~300

[17] Xepapadeas A, de Zeeuw A. Environmental policy and competitiveness: the Porter hypothesis and the composition of capital. Journal of Environmental Economics and Management, 1999, 37: 165~182

[18] Ambec S, Barla P. A theoretical foundation of the Porter hypothesis. Economics Letters, 2002, 75: 355~360

[19] Mohr R D. Technical change, external economies, and the Porter hypothesis. J Environ Econ Manage, 2002, 43 (1): 158~168

[20] Oates W E, Palmer, K Portney P R. Tightening environmental standards: the benefit-cost or the no-cost paradigm . Journal of Economic Perspectives, 1995, 9 (4): 119~132

[21] Lanjouw J O, Mody A . Innovation and the international diffusion of environmentally responsive technology Research Policy, 1996, 25 (4): 549~571

[22] Schemalensee R. The cost of environmental protection. *In*: Kotowski M B. Balancing Economic Growth and Environmental Goals . Washington DC: American Council for Capital Formation, Center for Policy Research, 1994: 55~75

［23］McCain R A . Endogenous bias in technical progress and environmental policy. American Economic Review，1978，68：538～546

［24］Jaffe A B，Palmer K. Environmental regulation and innovation：a panel data study. Rev Econ Stat，1997，79（4）：610～619

［25］Brunnermeier S B，Cohen M A. Determinants of environmental innovation in US manufacturing industries. J Environ Econ Manage，2003，45：278～293

［26］Lotspeich R，Chen A. Environmental protection in the People's Republic of China. Journal of Contemporary China，1997，6（14）：33～59

［27］李京文．走向 21 世纪的中国经济．北京：经济管理出版社，1995

［28］曲格平．中国环境问题及对策．北京：中国环境科学出版社，1984

［29］Managi S，Kaneko S . Chinese Economic Development and the Environment. Cheltenham，UK，and Northampton，MA，USA：Edward Elgar：2009

［30］Petrin A，Levinsohn J，Poi B. Estimating production function using inputs to control for unobservables. Review of Economics Studies，2003，70（2）：317～342

［31］Olley G S，Pakes A. The dynamics of productivity in the telecommunication equipment industry. Econometrics，1996，64：1263～1297

中国区域生态足迹的研究[①]

□ 周　新[②]

（日本地球环境战略研究所）

摘要： 本文指出传统生态足迹核算方法中存在的主要问题，提出了应用多区域投入产出模型结合区域实际土地利用数据计算区域生态足迹的方法。通过中国八个区域生态足迹的核算，得到两个主要结论：① 区域的生态足迹，以及区域间的生态依存关系存在很大差异，需要区域层次或次区域层次的详细核算；② 由于可再生资源的生态价值没有内在化于产品的生产成本中，造成地区生态资源占用的不公平性，解决这个问题需要适当的政策干预，如区域间生态补偿机制。

关键词： 生态足迹　区域差异　区域间生态依存性　多区域投入产出模型

A Study on China's Regional Ecological Footprints

Zhou Xin

Abstract： This paper points out major problems associated with the conventional accounting method of ecological footprint, based on which provides a regional approach for ecological footprint calculation using multi-regional input-output model and regional land use data. By accounting for the ecological footprint of China's eight regions, this paper draws two conclusions. i) Regional ecological footprints and interregional resource dependency differ greatly from one region to another, which demands for detailed accounting at regional or sub-regional levels. ii) Regional appropriation of natural resource is unequitable due

---

① 本研究得到了名古屋大学环境学研究科井村秀文教授和白川博章副教授的宝贵意见，在此表示衷心感谢。

② 周新，通信地址：Institute for Global Environmental Strategies, 2108 - 11 Kamiyamaguchi, Hayama, Kanagawa, 240 - 0115 Japan；电话：＋81-46-855-3863；传真：＋81-46-855-3809；邮箱：zhou＠iges. or. jp。

mainly to the fact that the ecological value is not internalized in the production costs of associated products and therefore requires policy intervention such as the adoption of payment for ecological services.

Keywords：Ecological footprint　Regional disparity　Interregional resource dependency　Multi-region input-output model

1　引言

20 世纪 90 年代末期以来，以 *Ecological Economics*（《生态经济学》）为主的一些国际学术期刊上涌现了许多关于生态足迹（Ecological Footprint）的概念、实证研究，以及探讨其核算方法的文章。此外，*Living Planet Report*（《地球生命力报告》）[1] 揭示了全球生物多样性的状况和人类消费的变化，包括世界近 150 个国家生态足迹的排名。2008 年的报告表明，2005 年中国人均生态足迹为 2.1 全球公顷①，低于世界人均水平（2.7 全球公顷），排名第 74 位。同时，中国土地生态生产力（biocapacity）的人均拥有量为 0.9 全球公顷，约为世界人均水平（2.1 全球公顷）的 40%，排名第 116 位。中国的人均生态赤字（即人均土地生态生产力的拥有量与人均生态足迹的差）约为 1.2 全球公顷，高于世界人均生态赤字水平（0.7 全球公顷）。

中国自实行改革开放以来，人口密集的东部沿海地区先富裕起来，加剧了区域间社会经济发展的差距。由于区域间贸易，以及跨区域的污染传输，区域生产和消费不仅对本地区的生态环境造成影响，还对其他区域产生影响。从自然地理条件看，中国横跨 49 个经度、纵贯 62 个纬度，加之山地和丘陵地形，不同地域的自然资源禀赋（如土壤、日照、温度和降水等）有很大差别。这些因素综合影响了各区域的土地利用状况和土地生态生产力。研究区域层次的生态足迹和生态消费的区域间依存关系，将对制定合理的生态保护政策和区域生态补偿政策等具有一定的借鉴意义。

1.1　生态足迹的概念及核算方法

Rees 和 Wackernagel[2] 于 20 世纪 90 年代初最早给出了生态足迹的定义，即为了维持特定人口现有的消费水平，需要具有一定生态生产力的土地和水域，

---

①　1 全球公顷定义为 1 公顷具有全球平均生态生产力的土地。

为其提供所需要的物质资源并消纳其产生的废物。这些土地和水域的占用面积被形象地称为人类的生态足迹。换而言之，生态足迹是以土地为媒介来评价人类活动和消费对地球生物圈所造成的影响，其根本原理是人类造成的各种生态影响都可以直接或间接地归结为土地占用。例如，每个人一年要消费一定数量的米、牛肉、鱼和电力等，生产大米需要占用具有一定生产力的稻田，牧牛需要占用具有一定生产力的草地，养殖鱼类需要水域，发电厂发电需要占用一定的土地，所使用燃料的开采、加工和运输也要占用一定的土地，所产生的污染，如二氧化硫等形成酸雨，会造成一定面积的农田减产，所产生的二氧化碳需要具有一定生态生产力的森林进行吸收以避免造成全球温暖化，发电厂产生的固体废物需要占用土地进行放置或处理，等等。对所有土地的占用情况进行加权求和，就构成了生态足迹这一指标。对特定人口所拥有的土地生态生产力进行评价，在国家层次上以主权领土为界限，将人均生态足迹和拥有的土地生态生产力进行比较，就可以知道人类活动和消费是否超出了地球所能提供的限度，是否造成生态赤字。

　　Wackernagel 和 Rees[3]最早提出了生态足迹的核算方法，该方法被《地球生命力报告》所采用，后又经 Monfreda 等[4]进行系统化。该方法具有两个特点：第一，用土地占用面积为计量单位来衡量人类活动和消费所造成的生态影响；第二，通过两个步骤对土地占用面积进行正规化。首先是将主要消费品按照占用不同类型的土地进行归类，如农产品归为农田占用，木材产品归为森林占用，畜牧业产品归为草地占用，渔业产品归为水域占用，工业品、住房和交通等归为建成地占用，等等；然后，根据产品消费量和生产该产品使用的土地类型的全球平均生产力，计算出各种消费所占用不同类型土地的面积。例如，2007 年全球稻田的平均生产力为 4.15 吨/公顷[5]，若某一地区人均年消费 1.25 吨稻米，则生态足迹为 0.3 公顷（稻田）；然后求出全球土地（包括所有土地类型）的综合生态生产力；最后按照耕地、森林、草地、建成地和水域等不同土地类型的全球平均生产力同全球土地的综合生态生产力的比值，求出各类型土地的生产力等价因子。生产力等价因子的作用是将不同土地类型按照其生产力进行正规化。将前面计算出的各种消费所直接和间接（产品从生产到消费的整个生命周期）占用的各类型土地的面积分别乘以相应土地的生产力等价因子，然后求和，再除以相应的人口数，就得到特定人口一年人均消费所产生的生态足迹，用全球公顷表示。

　　与此对应的是对各国所拥有的人均土地生态生产力进行评价，其方法是按照当地各类型土地的生态生产力同全球土地的综合生态生产力的比值，计算出当地各类型土地的生产力等价因子。用当地各类型土地的既存面积乘以相应的生产力等价因子，然后加和，再除以相应的人口数，得到人均拥有的土地生态生产力资源，也用全球公顷表示。一个国家所拥有的人均生态生产力同生态足迹的差值，可以表示是否存在生态赤字（为负时）或生态平衡（为正时），由此说明可持续发展的状况。

1.2 传统核算方法存在的问题

自"生态足迹"这一概念出现以来，关于它的计算方法和政策应用就有很多争论（见 Van den Bergh 和 Verbruggen[6]、Ayres[7]、Moffatt[8]、Opschoor[9]、Van Kooten 和 Bulte[10]、Bicknell 等[11]、Ferng[12]、Hubacek 和 Giljum[13] 及 Lenzen 和 Murray[14]）。生态足迹的传统核算方法用数学公式表示如下：

$$EF_i^r = [(P^r - I^r - E^r)/\overline{Y}_i] \times \overline{e}_i \tag{1}$$

$$EF^r = \sum_i EF_i^r \tag{2}$$

$$ef^r = EF^r/H^r \tag{3}$$

式中，EF_i^r 为国家 r 的消费所占用的土地类型 i 的面积；P^r 为 r 的国内生产量；I^r 为 r 的进口量；E^r 为 r 的出口量；$\overline{Y}_i$ 为 i 类型土地的全球平均生产力；$\overline{e}_i$ 为 i 类型土地的生产力等价因子；EF^r 为 r 消费所占用的土地总面积；ef^r 为 r 的人均生态足迹；H^r 为 r 的人口数量。

$$BC_i^r = L_i^r \times (Y_i^r/\overline{Y}_i) \times \overline{e}_i \tag{4}$$

$$BC^r = \sum_i BC_i^r \tag{5}$$

$$bc^r = BC^r/H^r \tag{6}$$

式中，BC_i^r 为国家 r 拥有的土地类型 i 的生态生产力；L_i^r 为 r 的土地类型 i 的实际拥有面积；Y_i^r 为 r 的土地类型 i 的实际生产力；BC^r 为 r 拥有的总生态生产力；bc^r 为 r 的人均生态生产力拥有量。

首先，利用全球平均生产力 $\overline{Y}_i$ 对一个国家 r 的净消费（$P^r + I^r - E^r$）所造成的土地占用面积进行正规化［式（1）］，这意味着消费等量的同类产品，所造成的生态影响相同，均为全球平均生态影响。生态影响只同消费量和消费品种有关，同原产地无关，这显然缺乏科学依据。由于不同国家和地区采用的生产方法和技术水平存在很大差异，加之温度、降水、土壤条件、受异常气候影响、自然净化能力等空间要素不同，土地受自然和人为干扰的程度也会有很大差别，表现为 Y_i^r 随 r 不同而不同。以全球土地平均生产力为基础计算生态足迹，如果 r 消费所占用土地的实际生产力大于全球土地平均生产力（$Y_i^r > \overline{Y}_i$），则 r 的生态足迹将被高估，反之则被低估。由于中国的土地生产力多高于全球平均土地生产力,因此中国的实际生态足迹在《地球生命力报告》中被高估了。

其次,在考虑国际贸易影响时,由于没有考虑进口产品的原产地,传统的生态足迹核算不能追溯一个国家的消费到底对哪个国家产生生态影响,造成了什么样的后果,应如何补偿。此外,当一个国家"外购污染"代替在本国生产时(即将污染强度高的产业转移到别的国家再进口相应的产品),P^r 将变小,而 I^r 变大时,该国消费引起的本国生态影响变小,但是域外影响会加大。生态足迹的传统核算方法只注重数量和品种,而不注重产地,无法反映"外购污染"情况。总之,用式(1)对生态足迹进行核算难以反映消费所造成的特定空间范围内的影响,如果以此指标来辅助政策制定,将会产生误导。

再次,用生产力等价因子($\bar{e}_i$)将各类型土地综合成一种具有全球平均生态生产力的土地也存在一定问题。各类型的土地资源除了拥有一定的生态生产力,还能同时提供多种生态功能,如森林能涵养水源,森林和草地能固着地表土,防止水土流失和沙漠化等。此外,不同土地资源还有不同的文化和精神价值等,仅以土地生产力为唯一标准来评价其生态功能过于简单,不能反映土地利用变化所造成的生态影响。

最后,用($bc^r - ef^r$)表示一个国家的消费是否造成生态赤字同样存在问题,该值只能表示一个国家的消费能否自给自足,并不等同于可持续发展。像新加坡、中国和日本等国家人口密集,人均生态生产力的拥有量会偏低,因此在《地球生命力报告》中的生态现状国家排名处于劣势。由于评价方法的偏差,中国的生态足迹被高估,加之不合理的生态状况评价基准,致使中国在《地球生命力报告》中的生态赤字水平非常高。

1.3 研究目的

本文的研究目的是对生态足迹的传统核算方法进行修改,提出区域生态足迹的核算方法,并以此对中国八个区域的生态足迹进行核算,重点放在区域差异和区域间的生态依存关系上。具体修改方案如下:①利用多区域投入产出模型(multi-region input-output model,MRIO),追溯区域间贸易的原产地,评价消费所造成的直接的和隐含的现地生态影响;②用各类型土地的实际生产力代替全球平均土地生产力;③对各种土地类型分别进行评价,不加权求和。

2 研究方法

Bicknell 等[11]最早提出应用国家投入产出模型，将消费同土地占用联系起来计算新西兰的生态足迹。本文提出的核算方法是基于 Bicknell 等的方法，利用 MRIO 模型计算区域生态足迹。MRIO 模型详细记述了每一中间产品贸易和每一最终产品贸易的原产地，因此方便于分析最终消费所造成的直接的和隐含的现地生态影响。下面以中国多区域投入产出表（CMRIO，IDE[15]）为例加以说明。CMRIO 根据社会、经济发展的相近性，将中国分成八个区域，每个区域包括 30 个行业（见附录 1、2）。

2.1 国内生产和进口的区分

CMRIO 是进口竞争型多区域投入产出模型（即进口产品同国内产品视为等同），区域间的供给和需求关系表示如下

$$X = AX + F + E - M \qquad (7)$$

式中，X 为各地区各行业的总产出（240 × 1 的列向量）；A 为各地区各行业之间的交易系数矩阵（240 × 240）；F 为各地区各行业的最终消费（240 × 1 的列向量）；E 为各地区各行业的出口（240 × 1 的列向量）；M 为各地区各行业的进口（240 × 1 的列向量）。

由于是进口竞争型投入产出模型，矩阵 A 和列向量 F 中均包含进口。为了对国内各区域之间贸易中隐含的土地占用和进口所造成的域外土地占用分别进行核算，引入进口系数矩阵［式 (8)、(9)］，将 AX 和 F 中所包含的进口部分分离出去［式 (10)、(11)］。$\hat{M}$ 是进口系数对角线矩阵，表示国内各地区各行业的总供给中进口所占的比例，$R1$，…，$R8$ 分别表示八个区域

$$\hat{M} = \begin{bmatrix} \hat{M}^{R1} & 0 & \cdots & 0 \\ 0 & \hat{M}^{R2} & \cdots & 0 \\ \vdots & \vdots & & \vdots \\ 0 & 0 & \cdots & \hat{M}^{R8} \end{bmatrix} \qquad (8)$$

$$M = \hat{M}(AX + F) = \hat{M}AX + \hat{M}F \qquad (9)$$

式 (9) 将进口的使用分成了两部分：一部分是满足各区域中间投入需要（$\hat{M}AX$）；另一部分是满足各区域最终消费需求（$\hat{M}F$）。

将式 (9) 代入式 (7) 替代 M，得到式 (10)，经转化后进一步得到式 (11)。

$$X = AX + F + E - \hat{M}(AX + F) \tag{10}$$

$$X = [I - (I - \hat{M})A]^{-1}[(I - \hat{M})F + E] \tag{11}$$

$[I - (I - \hat{M})A]^{-1}$ 是 Leontief 逆矩阵，表示的是满足单位最终产品需求所需提供的国内生产；$(I - \hat{M})F$ 表示的是由国内生产提供的最终消费。

2.2 国内贸易中隐含的土地占用

将土地利用数据同多区域投入产出模型结合起来，计算区域内和区域间贸易中隐含的土地占用。首先，将 Leontief 逆矩阵左乘各行业直接土地占用强度矩阵 $D(k)$：

$$\bar{L}(k) = D(k)[I - (I - \hat{M})A]^{-1} \tag{12}$$

式中，$\bar{L}(k)$ 为对 k 类型土地直接和间接占用的乘数矩阵，代表单位最终产品中隐含的土地占用。其中

$$D(k) = \begin{bmatrix} D^{R1}(k) & 0 & \cdots & 0 \\ 0 & D^{R2}(k) & \cdots & 0 \\ \vdots & \vdots & & \vdots \\ 0 & 0 & \cdots & D^{R8}(k) \end{bmatrix} \tag{13}$$

每一个 $D^R(k)$（R 为各区域，即 $R1$，$\cdots$，$R8$）是一个 30×30 的对角矩阵，对角线上的元素 $d_j^R(k)$ 表示 R 地区 j 行业单位生产直接占用 k 类型土地的面积。

用 $\bar{L}(k)$ 右乘区域最终消费向量，再合并整理，就得到各区域最终消费中隐含的土地占用。

$$L(k) = \bar{L}(k)[(I - \hat{M})F] \tag{14}$$

2.3 进口中隐含的土地占用

CMRIO 中没有关于进口原产国的信息，从各个国家进口的同类产品被视为等同。因此本研究无法计算进口中隐含的对原产国土地占用的情况。基于进口产品可用国内同类产品进行替代的假设，本研究用各区域土地占用乘数系数矩阵 $\bar{L}(k)$ 来代替单位进口中隐含的域外土地占用，利用式（9）计算各区域进口中隐含的土地占用。计算包括两部分：一部分是进口中直接满足区域最终消费所隐含的域外土地占用（LMF）；另一部分是进口中满足各区域中间消费所隐含的域外土地占用（LMAX）。

$$\text{LMF} = \bar{L}(k)(\hat{M}F) \tag{15}$$

$$\text{LMAX} = \bar{L}(k)(\hat{M}AX) \tag{16}$$

2.4 土地利用数据

CMRIO 中的数据基于 1997 年和 2000 年，因此本研究选择 2000 年各区域各行业的土地利用数据来计算 $D(k)$。土地类型 k 的分类同 Wackernagel 和 Rees[3] 采用的方法基本一致，根据投入产出表的需要和数据可得性，进行了部分调整。土地分为三大类：农用地、建成地和作为碳汇的能源土地。其中农用地又细分为耕地、森林、草地和养殖用水域（表 1）。

因为各类型土地的生产力和生态功能各不相同，本研究对六类土地的占用情况分别进行计算。用 R 地区 j 行业直接占用 k 类型土地的面积除以该行业的总产值得到土地直接利用系数 $d_j^R(k)$，根据式（14）、（15）和（16）计算出各区域的最终消费中隐含的国内土地占用和域外土地占用，再除以地区人口数，就得到人均消费引起的土地占用，即生态足迹。

表 1　土地利用分类
Tab. 1　Classification of land use

土地利用类型	说明	数据来源
农用地	农业生产占用的土地	中国农业年鉴 2001[16]
耕地	农作物耕作用地	中国农业年鉴 2001[16]
森林	林业用地	第四次全国森林资源调查[17,18]
草地	用于畜牧业的天然或人工草地	中国畜牧业年鉴 2001[19]
水域	用于渔业的海域或淡水水域	中国农业年鉴 2001[16]
建成地	人类居住、工业和交通等占用的土地	全国土地利用调查[20]
能源土地	作为碳汇的森林	Fang[21]，中国能源统计年鉴 2000～2002[22]

能源土地占用定义为能吸收人类一年中排放的 CO_2 的森林面积[3]。计算能源土地占用需要两个步骤：第一步是根据 IPCC 推荐的方法[23] 计算各地区各行业燃料燃烧直接排放的 CO_2；第二步是计算各区域森林的碳吸收因子，即单位森林面积一年的碳吸收量。森林对碳的吸收能力决定于森林生物量的密度和年生长率。Wackernagel 和 Rees[3] 根据其他研究估算出全球森林平均 1 公顷能吸收 1×10^{11} 焦耳（GJ）热量的燃料燃烧所排放的 CO_2。然而，不同地区森林生物量的密度有很大不同，其取决于单位面积的森林蓄积量、林种、林龄和气候等多种因素。例如，中国各省的森林生物量从 43 毫克/公顷到 126 毫克/公顷不等[21]。本研究采用中国各省的森林数据计算区域的碳吸收因子。

用各地区各行业直接排放的 CO_2 的量除以相应区域的森林碳吸收因子，得到吸收该行业年排放 CO_2 所需要的森林面积，再除以该产业的产值，即得到该行业单位生产所占用的能源土地 $[d_j^R(\text{energy})]$。

3 计算结果

3.1 区域农地生态足迹

各种类型农用地的区域分布很不均匀，表现为耕地主要分布于区域 $R1$、$R2$、$R3$、$R4$、$R5$、$R6$ 和 $R7$ 的东部；森林主要分布于区域 $R1$ 的东北部、$R5$ 的东部、$R6$ 的西部、$R7$ 的中南部和 $R8$ 的东北部；而草地主要集中在区域 $R7$ 和 $R8$。

表 2 至表 5 分别表示 2000 年中国各区域消费所引起的耕地、森林、草地和水域的生态足迹（表示为人均土地占用面积），每一列表示区域消费占用本区域和其他区域的农地面积，每一行表示某区域向本区域和其他区域提供的隐含在贸易中的农地面积，对角线上的数据表示各区域消费占用的本地农地面积。

表 2 耕地生态足迹及区域间生态依存关系（单位：公顷/人）

Tab. 2 Ecological footprints of arable land and regional interdependency（Unit：hm²/capita）

区域	d^R（arable）/（公顷/万元）	R1	R2	R3	R4	R5	R6	R7	R8
$R1$	1.07	0.1799	0.0028	0.0008	0.0007	0.0005	0.0003	0.0006	0.0002
$R2$	0.35	0.0002	0.0413	0.0002	0.0001	0.0002	0.0000	0.0001	0.0000
$R3$	0.49	0.0037	0.0078	0.0725	0.0030	0.0021	0.0015	0.0018	0.0007
$R4$	0.27	0.0009	0.0008	0.0008	0.0539	0.0016	0.0005	0.0004	0.0003
$R5$	0.26	0.0006	0.0006	0.0003	0.0010	0.0566	0.0003	0.0004	0.0005
$R6$	0.58	0.0030	0.0043	0.0023	0.0044	0.0068	0.0824	0.0027	0.0019
$R7$	1.49	0.0021	0.0062	0.0011	0.0011	0.0018	0.0009	0.1785	0.0014
$R8$	0.72	0.0004	0.0008	0.0004	0.0008	0.0026	0.0006	0.0009	0.1036
域外		0.0063	0.0145	0.0057	0.0050	0.0073	0.0006	0.0060	0.0010
人口/百万		106.55	23.83	158.23	137.89	129.00	351.47	115.48	237.21

由表 2 看出，区域 $R1$ 和 $R7$ 单位产值直接占用的耕地面积大于其他区域，特别是大于较发达地区（$R2$、$R4$ 和 $R5$），说明这两个区域耕地的经济利用效率较发达地区低，从而影响了这两个区域消费占用本地耕地的面积较大。从区域间耕地占用的依存关系看，区域 $R3$（北部沿海地区）和 $R6$（中部地区）是区域间贸易中隐含耕地占用的主要来源地，而区域 $R2$（北京等北方城市）和 $R5$（南部沿海地区）的消费很大程度上占用其他区域和域外的耕地。

表 3　森林生态足迹及区域间生态依存关系（单位：公顷/人）
Tab. 3　Ecological Footprints of Forest and Regional Interdependency（Unit：hm² /capita）

区域	d^R（forest）/（公顷/万元）	R1	R2	R3	R4	R5	R6	R7	R8
R1	1.15	0.1900	0.0030	0.0009	0.0008	0.0006	0.0003	0.0006	0.0002
R2	0.08	0.0001	0.0155	0.0001	0.0000	0.0001	0.0000	0.0000	0.0000
R3	0.10	0.0009	0.0020	0.0180	0.0008	0.0005	0.0004	0.0005	0.0002
R4	0.16	0.0005	0.0005	0.0005	0.0317	0.0009	0.0003	0.0003	0.0002
R5	0.43	0.0008	0.0008	0.0005	0.0014	0.0833	0.0005	0.0005	0.0006
R6	0.38	0.0020	0.0028	0.0015	0.0029	0.0044	0.0538	0.0017	0.0012
R7	1.04	0.0015	0.0043	0.0008	0.0008	0.0012	0.0006	0.1249	0.0010
R8	0.60	0.0005	0.0006	0.0003	0.0006	0.0021	0.0005	0.0008	0.0850
域外		0.0063	0.0055	0.0017	0.0031	0.0094	0.0004	0.0042	0.0008

表 3 表明，区域 R1 和 R7 的森林经济利用效率较低，而区域 R2、R3 和 R4 的较高，因此区域 R1 和 R7 的消费占用本地森林面积也较大。从区域间森林消费的依存关系看，区域 R6 和 R7（西北部地区）是贸易中隐含的森林占用的主要来源地，而区域 R2 和 R5 消费占用的森林依赖其他区域和域外提供。

表 4　草地生态足迹及区域间生态依存关系（单位：公顷/人）
Tab. 4　Ecological Footprints of Pasture and Regional Interdependency（Unit：hm² /capita）

区域	d^R（pasture）/（公顷/万元）	R1	R2	R3	R4	R5	R6	R7	R8
R1	0.35	0.0720	0.0011	0.0003	0.0003	0.0002	0.0001	0.0003	0.0001
R2	0.03	0.0003	0.0367	0.0002	0.0001	0.0001	0.0000	0.0001	0.0000
R3	0.09	0.0012	0.0026	0.0236	0.0010	0.0006	0.0005	0.0007	0.0003
R4	0.01	0.0003	0.0003	0.0003	0.0149	0.0004	0.0002	0.0002	0.0001
R5	0.03	0.0003	0.0002	0.0001	0.0004	0.0178	0.0002	0.0002	0.0002
R6	0.36	0.0021	0.0030	0.0016	0.0031	0.0045	0.0555	0.0019	0.0013
R7	10.08	0.0138	0.0409	0.0072	0.0072	0.0119	0.0057	1.1804	0.0091
R8	0.55	0.0005	0.0006	0.0003	0.0007	0.0021	0.0005	0.0008	0.0839
域外		0.0034	0.0130	0.0024	0.0027	0.0038	0.0015	0.0366	0.0011

由于草地资源的区域分布特点，区域 R7 是区域间贸易中隐含的草地占用的最主要来源地，区域 R2 的消费很大程度上占用区域 R7 的草地。在水域生态足迹方面（表5），区域 R6 和 R3 是贸易中隐含的水域占用的主要来源地，相对来说，区域 R2 和 R5 的消费引起的水域占用依赖于这两个区域。

表5 水域生态足迹及区域间生态依存关系（单位：公顷/人）

Tab. 5 Ecological Footprints of Water Surface and Regional Interdependency (Unit：hm² /capita)

区域	d^R（water）/（公顷/万元）	R1	R2	R3	R4	R5	R6	R7	R8
R1	0.046	0.0079	0.0001	0.0000	0.0000	0.0000	0.0000	0.0000	0.0000
R2	0.022	0.0000	0.0022	0.0000	0.0000	0.0000	0.0000	0.0000	0.0000
R3	0.020	0.0002	0.0003	0.0031	0.0001	0.0001	0.0001	0.0001	0.0000
R4	0.036	0.0001	0.0001	0.0001	0.0062	0.0002	0.0001	0.0000	0.0000
R5	0.028	0.0001	0.0001	0.0000	0.0001	0.0055	0.0000	0.0000	0.0000
R6	0.037	0.0002	0.0003	0.0001	0.0003	0.0004	0.0052	0.0002	0.0001
R7	0.015	0.0000	0.0000	0.0000	0.0000	0.0000	0.0000	0.0020	0.0000
R8	0.015	0.0000	0.0000	0.0000	0.0000	0.0001	0.0000	0.0000	0.0023
域外		0.0003	0.0008	0.0003	0.0005	0.0006	0.0000	0.0001	0.0000

从区域农用地生态足迹各类型土地的组成情况看，区域 R2 和 R3 的消费占用较多耕地和草地，区域 R1 和 R5 的消费较大依赖耕地和林地，区域 R4、R6 和 R8 的消费较平均地依赖耕地、林地和草地，而区域 R7 的消费则集中地依赖草地。水域在各区域农用地生态足迹中的比例都很小。这些区域生态足迹的特点综合反映了各区域土地资源分布特性和生活消费方式的差异。

3.2 区域 CO_2 排放及能源土地生态足迹

图1表示区域消费中隐含的 CO_2 排放，其包括三部分：国内贸易中隐含的碳排放、进口中隐含的碳排放，以及最终消费中的直接碳排放。2000 年全国人均排放量为 2.19 吨 CO_2，各区域排放从 1.61 吨（区域 R8）至 6.74 吨（区域 R2）不等，相差约 3 倍。图2表示各区域消费中隐含的 CO_2 排放同区域 GDP 呈线性增长关系，经济较发达地区消费中隐含的 CO_2 排放也较大。

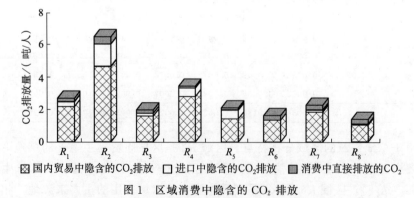

图 1   区域消费中隐含的 CO_2 排放

Fig. 1 CO_2 Emissions Embodied in Regional Consumption

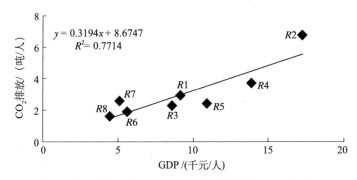

图 2　各区域消费中隐含的 CO_2 排放同区域 GDP 的关系

Fig. 2　Embodied CO_2 Emissions and Regional GDP

表 6 表示各区域消费的能源土地生态足迹。从区域间的依存关系来看，一方面，区域 R3 和 R6 的森林作为碳汇对其他地区消费引起的隐含 CO_2 排放起着重要的吸收作用。另一方面，区域 R2 总体上对其他区域和域外的能源土地依赖性最大，此外，区域 R2 和 R6 对域外能源土地的依赖大于其他区域。

表 6　能源土地生态足迹及区域间生态依存关系（单位：公顷/人）

Tab. 6　Ecological Footprints of Energy Land and Regional Interdependency (Unit：hm^2/capita)

区域	R1	R2	R3	R4	R5	R6	R7	R8
R1	0.5571	0.0053	0.0017	0.0016	0.0007	0.0008	0.0026	0.0005
R2	0.0010	0.5108	0.0012	0.0006	0.0005	0.0003	0.0010	0.0002
R3	0.0069	0.0347	0.2514	0.0068	0.0029	0.0039	0.0050	0.0018
R4	0.0047	0.0051	0.0071	0.4422	0.0078	0.0057	0.0046	0.0027
R5	0.0020	0.0023	0.0013	0.0044	0.2734	0.0020	0.0023	0.0027
R6	0.0059	0.0249	0.0063	0.0144	0.0115	0.2874	0.0104	0.0064
R7	0.0049	0.0096	0.0020	0.0024	0.0021	0.0028	0.7278	0.0032
R8	0.0011	0.0015	0.0008	0.0018	0.0042	0.0019	0.0040	0.2808
域外	0.0535	0.1493	0.0289	0.0764	0.0846	0.1099	0.0388	0.0098

3.3　建成地生态足迹

表 7 是关于各区域消费引起的建成地生态足迹。区域 R3 和 R6 是区域间贸易中隐含的建成地占用的主要来源地，而区域 R2 的消费引起的建成地占用相对来说最为依赖其他区域。

表7　建成地的生态足迹及区域间生态占用的依存关系（单位：公顷/人）
Tab. 7　Ecological Footprints of Built-up Land and Regional Interdependency (Unit：hm² /capita)

区域	R1	R2	R3	R4	R5	R6	R7	R8
$R1$	0.0362	0.0002	0.0001	0.0001	0.0000	0.0000	0.0001	0.0000
$R2$	0.0000	0.0191	0.0001	0.0000	0.0000	0.0000	0.0000	0.0000
$R3$	0.0003	0.0009	0.0224	0.0004	0.0002	0.0002	0.0003	0.0001
$R4$	0.0001	0.0001	0.0002	0.0187	0.0002	0.0002	0.0001	0.0001
$R5$	0.0001	0.0001	0.0001	0.0002	0.0126	0.0001	0.0001	0.0001
$R6$	0.0003	0.0005	0.0003	0.0006	0.0005	0.0218	0.0005	0.0003
$R7$	0.0001	0.0003	0.0001	0.0001	0.0001	0.0001	0.0395	0.0001
$R8$	0.0000	0.0001	0.0000	0.0001	0.0002	0.0001	0.0002	0.0171
域外	0.0018	0.0061	0.0011	0.0021	0.0026	0.0026	0.0010	0.0003

从各区域三大类型土地生态足迹的组成情况看，区域 $R2$、$R3$、$R4$ 和 $R5$ 的消费主要依赖能源土地，其次是农用土地；区域 $R1$、$R6$ 和 $R8$ 的消费均匀地依赖能源土地和农用土地；而区域 $R7$ 的消费则较为依赖农用土地，特别是草地。建成地在区域生态足迹中比例都很小。

4　结论

本文对传统的生态足迹核算方法进行了剖析，指出了利用全球平均生态影响代替产地不同的同类产品所造成的特定空间生态影响，以及用土地生产力作为衡量标准将不同类型土地归并为一类土地等所存在的问题。针对这些问题提出了在区域层次对生态足迹进行核算的方法。其主要特点是利用多区域投入产出模型追溯供给区域消费的原产地，结合现地土地占用情况（实际生态影响），核算区域消费的生态足迹。本文提出的方法能为决策提供更准确的信息。

通过对中国八个区域生态足迹进行核算，初步得到以下三点结论。

第一，各区域消费所引起的生态足迹无论是数量上，还是区域间的依存关系上都存在很大差异，这些是消费水平、生活方式、土地利用强度和自然资源禀赋等因素综合影响的结果。国家层次的生态足迹核算和分析很难反映这些区域差异。为了使生态足迹指标能更好地辅助决策，应尽可能进行区域层次、省层次，甚至更微观层次的核算。另外，对造成区域生态足迹差异的要因做进一步分析将是今后的重要课题[24]。

第二，从全国来看，各区域消费引起的生态占用存在不公平性。主要特点是经济较发达地区（北京等地和南部沿海地区）占用的生态资源多，且依赖其他区域和域外提供。由于可再生资源的使用租金和生态价值没有内在化于产品的成本中，这种生态占用的不公平性将加剧中国既存的区域经济极差，造成恶性循环。因此，需要适当的政策进行有效干预，如引入区域间的生态补偿机制。本研究的结果对此有一定的借鉴意义。

　　第三，本文只对区域消费所引起的隐含土地占用（生态足迹）进行了核算，而没有对各区域各类型土地资源状况（如土壤退化、沙漠化等）进行详细评价。结合区域消费引起的隐含土地占用和各区域土地资源状况评价，可以为引入区域间的生态补偿机制等政策提供更有力的支持。

参 考 文 献

［1］ WWF. Living Planet Report . http：//www. panda. org/livingplanet/. 2008

［2］ Rees W E, Wackernagel M. Urban ecological footprints：why cities cannot be sustainable-and why they are a key to sustainability. Environmental Impact Assessment Review，1996，16：228

［3］ Wackernagel M，Rees W E. Our ecological footprint：reducing human impact on the Earth. Gabriola Island，BC：New Society Publishers，1996

［4］ Monfreda C，Wackernagel M，Deumling D. Establishing national natural capital accounts based on detailed ecological footprint and biological capacity accounts. Land Use Policy，2004，21：231～246

［5］ International Rice Research Institute. Paddy rice yield by country and geographical region，1961～2007
http：//beta. irri. org/solutions/index. php? option = com _ content&task = view&id = 250/. 2010 - 08 - 06

［6］ Van den Bergh JCJM，Verbruggen H. Spatial sustainability，trade and indicators：an evaluation of the 'ecological footprint' . Ecological Economics，1999，29：61～72

［7］ Ayres R U. Commentary on the utility of the ecological footprint concept. Ecological Economics，2000，32：347～349

［8］ Moffatt I. Ecological footprints and sustainable development. Ecological Economics，2000，32：359～362

［9］ Opschoor H. The ecological footprint：measuring rod or metaphor. Ecological Economics，2000，32：363～365

［10］ Van Kooten G C, Bulte E H. The ecological footprint：useful science or politics. Ecological Economics，2000，32：385～389

［11］ Bicknell K B，Ball R J，Cullen R，et al. New methodology for the ecological footprint with an application to the New Zealand economy. Ecological Economics，1998，27（2）：149～160

［12］ Ferng J J. Using composition of land multiplier to estimate ecological footprints associated with production activity. Ecological Economics, 2001, 37: 159~172

[13] Hubacek K, Giljum S. Applying physical input-output analysis to estimate land appropriation (ecological footprint) of international trade activities. Ecological Economics, 2003, 44: 137~151

[14] Lenzen M, Murray S A. A modified ecological footprint method and its application to Australia. Ecological Economics, 2001, 37: 229~255

[15] IDE (Institute of Developing Economics). Multi-regional Input-Output Model for China 2000. I. D. E Statistical Data Series, No. 86. Tokyo, 2003

[16] 《中国农业统计年鉴》编辑委员会. 中国农业年鉴 2001. 北京: 中国农业出版社, 2001

[17] 中国森林编辑委员会. 中国森林. 北京: 中国林业出版社, 1997: 210

[18] 中国自然资源丛书编辑委员会. 中国自然资源综述: 森林卷. 北京: 中国环境科学出版社, 1995: 75

[19] 中国畜牧业年鉴编辑委员会. 中国畜牧业年鉴 2001. 北京: 中国农业出版社, 2001

[20] 中国科学院中国自然资源数据库. http://www. data. ac. cn/zrzy/ku1new. asp. 2000

[21] Fang J Y. Forest biomass of China: an estimate based on the biomass-volume relationship. Ecological Applications, 1998, 8 (4): 1084~1091

[22] 国家统计局工业交通统计司, 国家发展和改革委员会能源司. 中国能源统计年鉴2000~2002. 北京: 中国统计出版社, 2004

[23] IPCC. Revised 1996 IPCC Guidelines for National Greenhouse Gas Inventories: Workbook. Vol. 2. http://www. ipcc-nggip. iges. or. jp/. 1996

[24] Zhou X, Imura H. China's regional ecological footprint and decomposition analysis. Proceedings of the Eighth International Summer Symposium, Japan Society of Civil Engineers (JSCE), Nagoya, Japan, 2006: 347~350

附录 1　中国多区域投入产出表（CMRIO）中八个区域的划分

Appendix 1　Region Classification in China Multi-region Input-Output Table (CMRIO)

代码	区域名称	包括的省（自治区、直辖市）
R1	东北地区	辽宁、吉林、黑龙江
R2	北方城市	北京、天津
R3	北部沿海地区	河北、山东
R4	中部沿海地区	上海、江苏、浙江
R5	南部沿海地区	福建、广东、海南
R6	中部地区	山西、河南、湖北、湖南、安徽、江西
R7	西北地区	内蒙古、陕西、甘肃、青海、宁夏、新疆
R8	西南地区	重庆，四川、贵州、云南、西藏

附录 2　中国多区域投入产出表（CMRIO）中的行业分类

Appendix 2　Sector Classification in China Multi-region Input-Output Table (CMRIO)

代码	行业	代码	行业
1	农业	16	机器和设备制造业
2	煤炭开采和加工业	17	运输设备制造业
3	石油和天然气产品生产	18	电子设备和机器制造业
4	金属矿开采业	19	电子和通讯设备制造业
5	非金属矿开采业	20	仪器、仪表、文化和办公设备制造业
6	食品生产和烟草加工	21	机器和设备的维修业
7	纺织工业	22	其他制造业
8	服装、毛皮、羽绒及其产品生产	23	再生和废品工业
9	锯木业和家具制造业	24	电力、蒸气和热水的生产和供应
10	纸和纸制品、印刷和记录媒介复制等	25	煤气的生产和供应
11	石油加工和焦炭业	26	自来水的生产和供应
12	化工	27	建筑业
13	非金属矿产品制造业	28	交通和仓储业
14	金属冶炼和加工业	29	批发和零售业
15	非金属矿产品制造业	30	服务业

我国省际贸易中的隐含能源分析[①]

□ 吴　畏[1]　何建武[2②]　李善同[2]

（1. 重庆市晏家工业园区管委会；2. 国务院发展研究中心）

摘要： 为落实"十一五"规划中降低能耗任务，各省（区、市）承担着各自单位 GDP 能耗下降的任务。现有的节能任务分配方式的主要依据是"生产者负担"的原则，而未考虑"消费者负担"的原则，因而，其公平性在一定程度上受到质疑。本文以 2002 年中国区域联结的投入产出表、2002 年各省（区、市）的能源平衡表及 2002 年各省（区、市）分部门的能源消耗数据为基础，用投入产出分析的方法来计算中国国内各省（区、市）通过省际贸易而调出或调入的隐含能源。研究发现，隐含能源主要由未完成节能降耗任务的省（区、市）向超额完成节能降耗任务省（区、市）流动，隐含能源净调出省（区、市）为隐含能源净调入省（区、市）的节能降耗作出了贡献。本文对各省（区、市）"生产者负担"的节能降耗责任提出了质疑，并提出了改进思路和针对性的政策建议。

关键词： 投入产出分析　隐含能源　省际贸易　节能降耗

Analysis on Embodied Energy in China's Inter-Provincial Trade

Wu Wei, He Jianwu, Li Shantong

Abstract： In order to achieve the goal of energy-saving in 11th Five Year Plan, the Chinese government decomposes the tasks of energy saving among the provinces/autonomous regions/municipalities based on "consumers' responsibility" principle, rather than "producers' responsibility" principle. Many people have concerned about the fairness of this way. By using input-output analysis on

---

① 本文中港澳台相关数据暂缺。
② 何建武，通信地址：北京市朝内大街 225 号；邮编：100010；邮箱：jianwu@drc.gov.cn。

the basis of 2002 China multi-regional input-output table and regional energy balance sheets, this paper calculated the embodied energy in the inter-provincial trade. This paper found that embodied energy flowed from provinces/autonomous regions/municipalities that did not finish energy-saving task to provinces/ autonomous regions/municipalities that over-completed energy-saving task, that is to say, the former contributed to energy-saving of the latter. This paper shows some suggestion on the way to distribution of the energy-saving tasks between provinces / autonomous regions/municipalities in the future.

Keywords: Input-output   Embodied energy   Inter-provincial trade   Energy saving

1 引言

2006 年，在我国面临节能减排形势严峻的背景下，《国务院关于"十一五"期间各地区单位生产总值能源消耗降低指标计划的批复》（国函［2006］94 号）出台，根据该文件，各省单位国内生产总值能源消耗降低指标由国家发展和改革委员会进行地区分解。

2008 年 7 月 30 日，国家发展和改革委员会发布全国各地区 2007 年节能责任评价考核结果公告，河北等七省（区、市）考核结果为未完成等级，这些省（区、市）大体可以分为两类：一是能源输出大省（区），如山西、河北、内蒙古；二是工业化阶段较为落后，正处于需要大力发展工业时期的省，如海南、贵州。事实上，直接能源（能源产品）输出大省（区、市）往往也是隐含能源输出大省（区、市），各省（区、市）节能降耗指标分解是否科学，是否考虑了与各省（区、市）贸易结构相关的隐含能源问题，这些都是值得探讨的问题。

本文利用 2002 年中国区域联结的投入产出表作为基础数据[①]，用投入产出分析方法来计算中国国内各省（区、市）通过省际贸易而调出或调入的隐含能源，为科学地设定区域节能减排责任提供数据和理论基础。

———————

① 各省（区、市）的投入产出表每 5 年编制一次，目前已经公开获取的最新的各省（区、市）的投入产出表为 2002 年。

2 文献综述

国外学者相关研究起步早，如 Lenzen[1] 应用扩展的投入产出方法分析澳大利亚最终消费中的一次能源和温室气体含量，最终消费考虑了不同部门间的能源价格、资本形成和国际贸易流等因素，该研究揭示了商品生产过程中间接能源消耗是不可忽视的。Sanchez-Choliz 和 Duarte[2] 以部门为基础对西班牙经济发展和贸易活动中的 CO_2 排放量进行了计算研究，将投入产出方法和垂直集成（vertical integration）概念相结合，比较各个部门进口污染量和出口污染量，分析它们的净出口量，从部门层次评价了西班牙进出口贸易对 CO_2（由能源燃烧产生）排放的影响。类似的研究还有很多，如 Mongelli 等[3]、Peters 和 Hertwich[4]、Kondo 等[5]、Przybylinski[6]、Hayami 和 Nakamura[7]、Lenzen 和 Mungsgaard[8]、OECD[9]、Machado[10] 等。

国内学者的研究借鉴了国外研究的方法，研究视角可以分为两类：一类是观察国际贸易中的隐含能源、隐含污染、隐含碳的净流向，虽然暂时未能全部使用中国的贸易伙伴国的投入产出表数据和分部门能耗数据，但通过一定的假设和努力，在不断地朝着真实值靠拢。例如，潘家华等[11]利用投入产出方法研究了 2002 年中国外贸进出口产品的隐含能源和隐含碳排放，计算出 2002 年中国各产业部门的完全能耗强度，以及当年中国外贸出口和进口的分部门隐含能源具体值。文章利用调整因子对 2000～2006 年的出口隐含能源和碳排放进行了测算，对 2000～2006 年中国外贸出口产品隐含能源、进口产品隐含能源，以及出口产品隐含能源净值进行了时间序列分析。不足之处在于部门划分过粗，且由于数据难以获取，进口隐含能源测算采用的是进口来源国整体能耗强度的替代方法，未能按进口来源国的分部门能耗数据计算，影响了结果的准确性[11]。

另一类是研究中国通过国际贸易到底是节约了能源、减少了污染排放还是增加了能源消耗、增加了污染排放。例如，沈利生[12]利用投入产出模型测算了 2002～2005 年我国货物出口、货物进口对能源消费的影响。文章认为，在保持出口总价值量不变的前提下，减少高耗能产品在出口产品中的比例，增加高耗能产品在进口产品中的比例，可帮助节省国内的能源消耗。该文着眼点在于计算结构变化对于我国在节省能源方面的影响，而不是计算国际贸易中的隐含能源真实流动，因此使用了"进口替代"的方法，用本国的能耗水平来计算进口产品中的隐含能源，加之我国进口的某些产品在国内实际上没有能力生产，因此不能准确反映国际贸易间真实的隐含能源流动和数量。类似的研究还有刘峰[13]、齐晔等[14]。

从文献综述可以看出，已有的研究主要局限于国与国之间贸易中的隐含能源、隐含碳、隐含污染排放的计算和分析，缺乏对国内省际贸易中隐含能源的研究，而这正是本文研究的重点。

3. 研究方法与数据来源

3.1 本文研究方法

本文在 2002 年区域联结社会核算矩阵和各省（区、市）单位产值的能耗数据基础上，用投入产出分析方法计算全国 30 个省（区、市）（西藏、港、澳、台数据暂缺）之间的隐含能源流动情况。投入产出表基本关系式为

$$X = (I-A)^{-1}Y \tag{1}$$

式中，A 为中间投入系数矩阵；Y 为最终需求向量；X 为一个地区各行业的总产出，部分用于居民的最终消费，部分以原材料的形式再次进入生产领域，还有一部分被作为对外贸易中的调出品调出该地区。调出的这部分我们可以用 Ex 表示，将式（1）中的 Y 替换为 Ex，等式右边的数值所代表的就是为生产调出品所投入的全部产品的价值量，用 X_e 来表示，即得

$$X_e = (I-A)^{-1}Ex \tag{2}$$

通过已有的能耗数据，我们可以计算出各地区的分行业能耗系数，即单位产值所消耗的能源，用 e 表示。能耗系数 e 与调出品中所包含的为生产调出品所投入的全部产品 Xe 的乘积即为调入品中所包含的完全能源消耗量，即本文所定义的隐含能源，用 E 表示，得到下式

$$E = e \cdot [(I-A)^{-1}Ex] \tag{3}$$

在式（3）的基础上，如果有任意两个地区之间分部门的贸易数据，就可以计算出这两个地区之间贸易中产品（包括服务等）所包含的隐含能源。设这两个地区为 a 地和 b 地，从 a 地分部门流向 b 地的产品价值量用 $Ex_{a,b}$ 表示，$Ex_{a,b}$ 为 30×1 的列向量；用 e_a 表示 a 地的分部门单位能耗行向量；A_a 表示 a 地投入产出表的直接消耗系数矩阵；$E_{a,b}$ 表示从 a 地流向 b 地的所有产品中所包含的隐含能源；则得到

$$E_{a,b} = e_a \cdot [(I-A_a)^{-1}Ex_{a,b}] \tag{4}$$

通过式（4）可以计算出中国各省（区，市）之间所进行的贸易中包含的隐含能源量。式（4）的计算结果是一个数，如果将 $Ex_{a,b}$ 换成由 a 省（区，市）部门流向各省（区，市）产品价值量的列向量组成的 30×30 矩阵，结果就变成一

个行向量，其意义是 a 省（区，市）流向各省（区，市）的隐含能源，依此方法计算出其他省（区，市）各自调出给 30 省（区、市）的隐含能源，这些行向量放在一起就形成了最终的 30×30 的隐含能源流向矩阵表。

3.2　数据来源

本文需要以下几个方面数据的支持：

（1）由国务院发展研究中心编制的包含省（区、市）间贸易的 2002 年中国区域联结社会核算矩阵。本研究利用的数据主要包括其中三方面的数据，一是 2002 年各省（区、市）的 49 部门投入产出矩阵，二是各省（区、市）的 49 个部门从其他省份调入的产品价值额，三是各省（区、市）的 49 个部门调出给其他省份的产品价值额。

（2）2002 年各省（区、市）的能源平衡表，此数据可以从《2003 年中国能源统计年鉴》和各省（区、市）统计年鉴获取。

（3）2002 年各省（区、市）分部门能耗总量数据。这一项数据来源于 2003 年各省（区、市）的统计年鉴，此项数据各省（区、市）在部门划分上存在较大差别，本文对其部门划分进行了统一，对缺乏数据的省（区、市），在一定假设的基础上进行推算。

3.3　数据的调整

由于在实际的资料收集过程中，难以获取所需要的全部数据，本文在一定的假设基础上，对收集到的数据进行调整处理，最终形成全部所需要的数据。

（1）2002 年区域联结社会核算矩阵包含的数据包括全国 30 个省（区、市）（西藏、港、澳、台数据暂缺）49 个部门的社会核算矩阵和省（区、市）间 49 个部门的贸易数据，为保证与各省（区、市）分部门能耗数据统计口径的统一性，本文将其合并为 27 个部门。部门合并的具体方法见表 1。

表 1　2002 年中国区域联结社会核算矩阵部门合并方法
Tab. 1　Combination of sector for multi-regional SAM

合并前	合并后
农业	农业
煤炭开采和洗选业	煤炭开采和洗选业
石油和天然气开采业	石油和天然气开采业
金属矿采选业	金属矿采选业
非金属矿采选业	非金属矿采选业
食品制造及烟草加工业	食品制造及烟草加工业
纺织业	纺织业

续表

合并前	合并后
服装皮革羽绒及其制品业	服装皮革羽绒及其制品业
木材加工及家具制造业	木材加工及家具制造业
造纸印刷及文教用品制造业	造纸印刷及文教用品制造业
石油加工及核燃料加工业	石油加工、炼焦及核燃料加工业
炼焦业	
化学工业	化学工业
非金属矿物制品业	非金属矿物制品业
金属冶炼及压延加工业	金属冶炼及压延加工业
金属制品业	金属制品业
通用、专用设备制造业	通用、专用设备制造业
交通运输设备制造业	交通运输设备制造业
电气机械及器材制造业	电气、机械及器材制造业
电机制造业	
仪器仪表及文化、办公用机械制造业	仪器仪表及文化、办公用机械制造业
其他制造业	其他制造业
废品废料	
火电生产	
水电生产	
核电生产	
其他能源发电	电力、热力的生产和供应业
电力供应业	
热力生产与供应业	
燃气生产和供应业	燃气生产和供应业
水的生产和供应业	水的生产和供应业
建筑业	建筑业
铁路运输业	
其他交通运输及仓储业	交通运输、仓储及邮电通信业
邮政业	
信息传输、计算机服务和软件业	
批发和零售贸易业	批发和零售贸易业、餐饮业
住宿和餐饮业	
金融保险业	
房地产业	
租赁和商务服务业	
旅游业	
科学研究事业	
综合技术服务业	其他行业
其他社会服务业	
教育事业	
卫生、社会保障和社会福利业	
文化、体育和娱乐业	
公共管理和社会组织	

（2）从各省（区、市）的2003统计年鉴以及2003中国能源统计年鉴，

我们搜集到 21 个省（区、市）2002 年的分部门能耗数据，这些数据的部门划分标准不一，因此本文将其全部合并成上文提到的 27 个部门，以统一其部门划分。

对于没有找到 2002 年分部门能耗数据的 9 个省（区、市），进行如下假设和调整：上海、江苏、浙江三省（市）的农业、建筑业、交通运输仓储及邮电通信业、批发零售贸易餐饮业、其他行业的能耗数据直接来源于各自的 2002 年能源平衡表，三省市的工业能耗总量也来源于各自的 2002 年能源平衡表，但工业的分部门能耗数据参照已经搜集到的三省市 2007 年的分部门能耗数据。由于工业结构具有一定的稳定性，假设 2002 年三省市的工业部门仅仅是工业能源消耗总量低于 2007 年，但其能源消耗结构与 2007 年的能耗结构相同，将三省市2002 年能源平衡表中的工业部门能源消耗总量按照 2007 年工业部门能源消耗的结构按比例进行分配。海南省没有 2002 年的完整能源平衡表数据，本文用海南省 2001 年和 2003 年的能源消耗总量平均值作为 2002 年海南省的能源消耗总量。河北、山东、四川、广西、黑龙江五省（区）的农业、建筑业、交通运输仓储及邮电通信业、批发零售贸易餐饮业、其他行业的能耗数据直接来源于各自的2002 年能源平衡表，工业的总能耗也来源于各自的 2002 年能源平衡表，假设上面五个省（区、市）的 2002 年工业部门能源消耗结构与各自产业结构相近省（区、市）的 2002 年工业部门能源消耗结构相同，将这五个省（区、市）的2002 年工业部门能源消耗总量按照产业结构相近省（区、市）的工业分部门能耗比例进行分解，即得到五省（区、市）2002 年 27 个部门能源消耗系数。产业结构相近省（区、市）对应关系见表 2。

表 2　2002 年工业分部门数据调整对应省（区、市）
Tab. 2　Provinces/autonomous regions/municipalities with data adjustment

工业分部门数据待调整省（区、市）	参照省（区、市）
河北	辽宁
山东	辽宁
海南	广东
四川	重庆
广西	贵州
黑龙江	吉林

已有 2002 年各部门能耗数据的 21 省（区、市）农业、建筑业、交通运输仓储及邮电通信业、批发零售贸易餐饮业、其他行业的数据仍以各自 2002 年能源平衡表为准，工业分部门能耗在 2002 年能源平衡表中总量的基础上，以已有的数据按比例分解。从而得出 30 个省（区、市）27 个部门的能耗数据，再除以各省（区、市）投入产出表中各部门总产值，即得各省（区、市）27 个部门的能

耗系数。

省（区、市）之间的贸易数据直接从区域联结投入产出表得出，各省（区、市）的直接消耗系数（矩阵）可以由式（5）计算得出：

$$a_{ij} = \frac{X_{ij}}{X_j} \quad (i,j = 1,2,\cdots,n) \tag{5}$$

式中，X_{ij} 为第 i 部门提供给第 j 部门的产品价值量；X_j 为 j 部门的总产值。利用此式计算出的值形成各省（区、市）的直接消耗系数矩阵。

4. 计算结果与隐含能源流向分析

由以上数据可以算出省（区、市）间贸易中的隐含能源数值。计算结果是一个 30×30 的矩阵，矩阵中的数字的意义代表左边省（区、市）在省际贸易中调给上面省（区、市）的隐含能源数值，见附表 A-1。

4.1 隐含能源总调入量与单位调入量

4.1.1 隐含能源总调入量

2002 年，通过省（区、市）间贸易调入隐含能源最多的五个省（市）是浙江、河北、广东、山东、北京（图 1）。浙江、广东是制造业大省，直接调入的煤炭等能源产品比其他省（市）更多，还需要调入非能源的能源密集型产品。因此，浙江、广东都是隐含能源调入大省。

河北和山东是钢铁大省，钢铁产品制造过程中会消耗大量的能源，尽管河北、山东两省的煤炭资源禀赋并不低，但作为煤炭消费大省，煤炭产量远远不能满足需要。近几年来，河北省年均煤炭调入量在 1 亿吨以上，河北省调入隐含能源较多主要原因是调入的直接能源产品中的隐含能源较多。山东盛产动力煤，而电力企业需要的贫瘦煤和冶金企业用的炼焦煤，山东省储量都极为有限，需要从外省（区、市）调入，这就使山东通过调入煤炭等直接能源而调入大量的隐含能源。

北京市调入隐含能源较多的原因是两方面的，一方面，2002 年首钢生产钢铁需要大量电力和煤炭，需要从邻近的能源大省（区、市）调入；另一方面，由于能源资源禀赋不高，北京还需要从邻近省（区、市）大量调入非能源的能源密集型产品，从而调入了大量隐含能源。

图1显示,通过省际贸易调入隐含能源最少的五个省(区)依次是青海、宁夏、山西、海南、贵州。这几个省(区)可以分为两类:一是人口数量较少且工业不发达,如青海、宁夏、海南,人口均不超过 1000 万,所需要调入的包括较多隐含能源的产品就相对较少;二是本身是产煤大省,如贵州和山西,不需要调入较多的直接能源产品,降低了隐含能源的调入量。

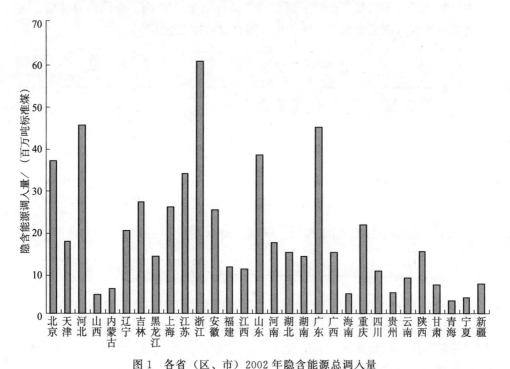

图1　各省(区、市)2002 年隐含能源总调入量

Fig. 1　Inflow of embodied energy by provinces/autonomous regions/municipalities in 2002.

4.1.2　隐含能源单位调入量

隐含能源单位调入量是指平均每调入一单位价值量的商品、服务所隐含的能源,其计算公式为隐含能源总调入量除以调入的商品服务价值量。隐含能源单位调入量可以反映出各省众多贸易伙伴的平均能耗水平。

从图2可以看出,各省(区、市)2002 年隐含能源单位调入量相互之间差距较小,除贵州、山西和福建的隐含能源单位调入量低于 0.8 吨/万元以外,其他省(区、市)的隐含能源单位调入量都在 0.8~1.2 吨/万元。这主要是因为各省(区、市)都与全国大部分其他省(区、市)有贸易来往,某一省(区、市)调入产品来源的多样性保证了隐含能源单位调入量不会出现特别大或特别小的极端值，因为即使有个别贸易伙伴有较大的高耗能或低耗能特点，其影响也会被众多其他贸易伙伴的平均值抵消掉。

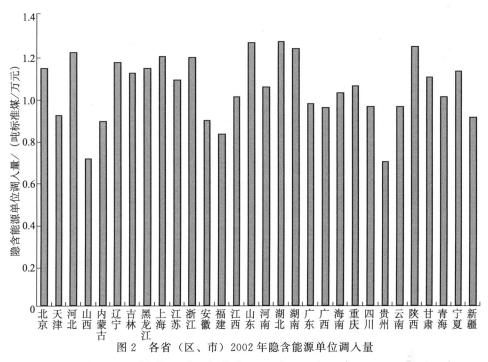

图 2　各省（区、市）2002 年隐含能源单位调入量

Fig. 2　Intensity of inflow of embodied energy by provinces/autonomous regions/
municipalities in 2002

4.2　隐含能源总调出量与单位调出量

4.2.1　隐含能源总调出量

2002 年通过省（区、市）间贸易调出隐含能源最多的五个省（区）是河北、内蒙古、辽宁、浙江、河南，如图 3 所示。除浙江外，其他均是能源密集型产业比重较大的省（区），其产品的输出必然伴随着大量隐含能源的输出。

浙江作为沿海制造业强省，其本身能源禀赋较低，采用从外地大量调入原材料和能源进行加工，然后大量输出的生产方式。可以看到，2002 年浙江省的隐含能源调入总量和调出总量都位居全国各省（区、市）前五，隐含能源的调入量更是位居各省（区、市）首位。

从图 3 还可以看出，通过省际贸易调出隐含能源最少的五个省（区）依次是海南、青海、福建、宁夏、云南。这几个省（区）均不是能源大省（区），海

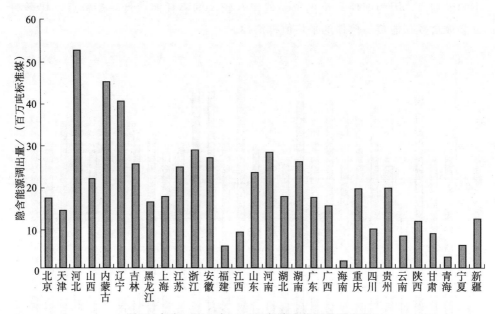

图 3　各省（区、市）2002 年隐含能源总调出量

Fig. 3　Outflow of embodied energy by provinces/autonomous regions/municipalities in 2002

南、青海、宁夏和云南四省（区）相对欠发达，其工业发展水平较低，非能源大省（区）决定了其不可能调入大量能源产品，也不可能像河北、辽宁那样基于优越的能源资源禀赋发展能源密集型产业，从而导致通过能源密集型产品调出的隐含能源较少。

4.2.2　隐含能源单位调出量

　　隐含能源单位调出量是指平均每调出一单位价值量的商品、服务所隐含的能源，其计算公式为隐含能源总调出量除以调出的商品服务价值量。各省（区、市）的经济规模差异较大，贸易规模相差较远，仅仅通过直接比较隐含能源调出总量，还不足以反映问题的全貌，通过对隐含能源单位调出量的分析，我们可以看出经济结构与能源消耗的关系。

　　图 4 为 2002 年各省（区、市）隐含能源单位调出量，从图中可以看出，隐含能源单位调出量最大的前五个省（区）是内蒙古、山西、贵州、宁夏、湖南，这些省（区）的产业结构具有高耗能特点。隐含能源单位调出量最大的前五个省（区）与前面隐含能源总调出量最大的前五个省（区）相比有较大的变动。隐含能源单位调出量最小的前五个省（市）是广东、海南、北京、上海、福建，

这些省（市）对外输出的产品在生产过程中耗能较低，这些省（市）的产业结构具有低耗能的特点。

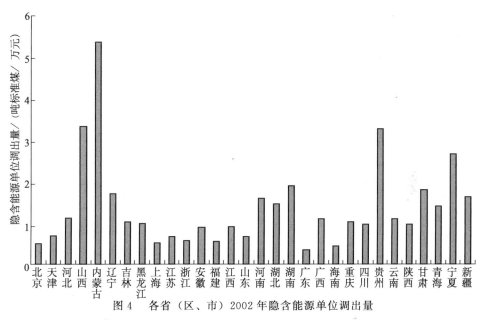

图 4　各省（区、市）2002 年隐含能源单位调出量

Fig. 4　Intensity of outflow of embodied energy by provinces/autonomous regions/
municipalities in 2002

4.3　隐含能源的净调入量

2002 年，通过省际贸易净调入隐含能源最多的五个省（市）是浙江、广东、北京、山东、江苏（图 5）。这五个省（市）的共同特点包括经济强，工业、制造业发达，煤炭能源产量都较低。除山东省外，需要大量调入直接能源产品和能源密集型产品。

图 5 中隐含能源净调入量为负值表示这些省（区、市）在省际贸易中是隐含能源净调出省（区、市），隐含能源净调出量居前五位的是内蒙古、辽宁、山西、贵州、湖南。这几个省（区）多为产煤大省（区），隐含能源随着煤炭的调出而输出到其他省（区、市）；一方面，这些省（区）能源资源禀赋高，能源密集型产业所占比重较大；另一方面，山西、内蒙古等省（区）本身所需要的调入的隐含能源又较小，这样就使其成为隐含能源净调出大省（区）。

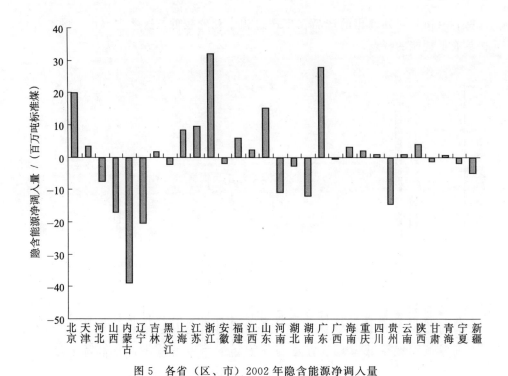

图 5　各省（区、市）2002 年隐含能源净调入量

Fig. 5　Net inflow of embodied energy by provinces/autonomous regions/municipalities in 2002

5.　节能降耗与各省隐含能源净输出

5.1　2007 年与"十一五"中期节能降耗考核情况

2008 年，国家发展和改革委员会首次公布各地节能减排评价考核结果。结果显示，有 6 个省（市）超额完成了节能降耗任务，分别为北京、天津、辽宁、上海、江苏和山东；没完成节能降耗任务的有河北、山西、内蒙古、海南、贵州、宁夏、新疆 7 省（区）。

未完成 2007 年节能降耗指标的七省（区）除海南以外，产业结构都具有高耗能的特点，这一点可以从图 4 各省隐含能源单位调出量看出。图 4 中，隐含能源单位调出量最大的前四个省（区）是内蒙古、山西、贵州、宁夏，说明这四个地区在省（区、市）间贸易中调出高耗能产业的产品的比重远高于其他省（区、市）。

从图 6 可以看出，未完成 2007 年节能降耗任务的七个省（区），除海南省外，其隐含能源净调入量都是负值，这些省（区）大多是净调出隐含能源。

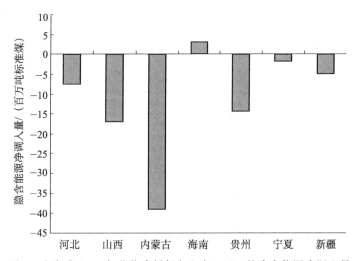

图 6　未完成 2007 年节能降耗任务七省（区）的隐含能源净调入量
Fig. 6　Net inflow of embodied energy for provinces/autonomous regions with
uncompleted energy-saving target

5.2　超额完成 2007 年节能降耗任务六省（市）的分析

图 7 显示，超额完成节能降耗任务的六省（市）除辽宁外，其余五省（市）都是净调入隐含能源的省（市），且六省（市）都地处东部沿海较发达地区。东部沿海经济大省（区、市）从中西部高能耗产业集中的省（区、市）通过调入高耗能产品而调入大量隐含能源。

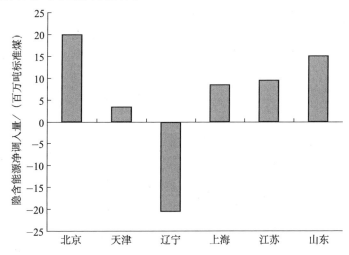

图 7　超额完成 2007 年节能降耗任务六省（市）的隐含能源净调入量
Fig. 7　Net inflow of embodied energy for provinces/municipalities
with over-completed energy-saving target

5.3　隐含能源流向与节能降耗责任探讨

在国际节能减排谈判关于节能、污染减排等指标分配中，广泛存在着"生产者负责"与"消费者负责"之争。发达国家出于自身利益考虑，极力推动按照"生产者负责"的原则来分配节能降耗任务，而以中国为代表的发展中国家则认为应该按"消费者负责"的原则来更公平合理地分配节能减排任务。这一争论对于国内各省（区、市）间节能降耗任务分配的研究具有重要的借鉴意义。

表3仅列出调入隐含能源最多的五个省（市）各自调入隐含能源最多的前三个省（区、市），从中可以看出，河北、内蒙古、辽宁为调入隐含能源最多的几个省（市）输出了最多的隐含能源。

表3　调入隐含能源较多省（区、市）的隐含能源来源
Tab. 3　Resource of inflow of embodied energy

调入隐含能源省(市)	隐含能源主要来源省(区、市)	调入隐含能源省(市)	隐含能源主要来源省(区、市)
浙江	河北、辽宁、内蒙古	广东	浙江、河北、内蒙古
河北	辽宁、山西、内蒙古	山东	河北、辽宁、湖南
北京	内蒙古、河北、天津		

表4仅列出调出隐含能源最多的五个省（区）各自输出隐含能源对象的前三个省（市），从表中可以看出，调出隐含能源最多的五个省（区），其隐含能源主要流向东部沿海发达省（市），如浙江、广东、北京、江苏、山东等省市。

表4　调出隐含能源较多省（区、市）的隐含能源流向
Tab. 4　Resource of outflow of embodied energy

调出隐含能源省（区）	隐含能源主要输往省(市)	调出隐含能源省（区）	隐含能源主要输往省(市)
河北	山东、浙江、北京	内蒙古	北京、浙江、广东
辽宁	河北、浙江、山东	浙江	广东、江苏、上海
河南	河北、浙江、江苏		

将表3和表4综合起来看，可以发现存在着隐含能源主要由未完成节能降耗任务的省（区）向超额完成节能降耗任务的省（市）流动的现象。本文认为，在我国省（区、市）间贸易中，调入隐含能源的省（区、市）也对制造产品过程中耗用的能源负有责任。

6　结论与政策建议

本文综合前面的研究，对改进节能降耗任务分配和节能降耗全国总的指导思想提出几点针对性的建议。

6.1 节能降耗应站在全国的高度统一部署

通过前面的分析，我们可以看到，国内各省（区、市）之间商品和服务在省（区、市）与省（区、市）之间的调入调出伴随着大量隐含能源的流动，而隐含能源的流动带来了能源消费的省际转移。如果一个省（区、市）需要消耗大量隐含能源密度高的产品和服务，它可能不需要自己去消耗大量的能源去生产这些产品和服务，而是通过从其他省（区、市）调入隐含能源的方法来达到这个目的。各省（区、市）自身理性的措施常常会造成集体的非理性——个别省（区、市）通过从其他省（区、市）调入隐含能源来满足自己所需的方式，不利于一个国家整体节能降耗任务的顺利完成。因此节能降耗应站在全国的高度进行统一部署。

6.2 消费结构对于节能降耗有着重要的影响

节能降耗的思路和措施通常是从生产方面去进行控制，忽略了消费对于能源大量消耗的重要性，因为这种思路忽略了包含在省际贸易中的商品、服务中的隐含能源的流动。从本文的分析可以看出，沿海经济强省（区、市）对于中西部能源生产大省和能源密集型产业集中的省（区、市）的隐含能源有着巨大的需求，正因为有这样的需求来刺激，中西部省（区、市）的高耗能产业投资冲动才难以遏制。

生产活动只是能源消耗的一个过程，其背后是需求的强力刺激。如果仅仅将目光聚集在生产方面的节能降耗，而不去引导消费结构的改变，在省际贸易中，各省（区、市）可以通过调入隐含能源的方式将本省（区、市）的能源消费转移到其他省（区、市），导致省际能源消费的泄露和转移，隐蔽了节能降耗的实际责任。

6.3 市场手段是更有效率的节能降耗方法

节能降耗指标的准确分解是一大难题。尽管相对于市场手段而言，行政手段在不计较成本的前提下，可以更快地实现节能降耗目标，但由于难以准确计算出每个省（区、市）的边际节能成本，以及隐含能源省（区、市）间流动的影响，仅仅通过指标在中央和地方的分解来进行节能降耗，会缺乏整体的效率。

本文认为，相对于通过行政手段来分解节能指标，通过市场的手段来促进节能减排更有效率和更能体现公平。因此，政府不应过多依赖行政手段，而应理顺能源的定价体系，让能源价格真正反映资源的稀缺性，通过征收能源税、

环境 经济与政策(第二辑)
Journal of Environmental Economics and Policy

污染税来将外部性内部化，最终通过价格来调节市场的需求，通过市场这只
"看不见的手"和"理性人"的理性选择，节能降耗将会更加顺利。

6.4 适当削减隐含能源净调出大省（区、市）的节能指标

节能降耗任务完成较差的省（区、市）多为隐含能源净调出大省（区、
市），这些省（区、市）调出大量隐含能源给东部沿海能源资源禀赋较低的省
（区、市）。隐含能源净调入省（区、市）是这些能源产品和高耗能产品的受益
者，应为生产这些产品所造成的能源消耗承担一定的责任。因此，应适当削减
隐含能源净调出省（区、市）的节能降耗指标。

6.5 应明确净调入隐含能源的经济强省（区、市）的支持帮扶责任

完成节能降耗任务进度较慢的省（区、市），大多处于中西部尤其是西部地
区。这些省（区、市）由于资金、人才的缺乏，对节能新工艺、新技术的研发
推广力度不够，加大了完成节能降耗任务的难度。隐含能源净调入省（区、市）
应该对其隐含能源主要来源省（区、市）进行资金、技术、人才上的支持，以
帮助这些省（区、市）提高能源利用水平、升级产业结构。

参 考 文 献

[1] Lenzen M. Primary energy and greenhouse gases embodied in Australian final consumption: an input-output analysis. Energy Policy, 1998, 26 (6): 495~506

[2] Sanchez C J, Duarte R. CO_2 emissions embodied in international trade: evidence for Spain. Energy Policy, 2004, 32 (18): 1999~2005

[3] Mongelli I, Tassielli G, Notarnicola B. Global warming agreements, international trade and energy/carbon embodiments: an input-output approach to the Italian case. Energy Policy, 2006, 34 (1): 88~100

[4] Peters G P, Hertwich E G. Pollution embodied in trade: the Norwegian case. Energy Policy, 2006, 34 (1): 379~387

[5] Kondo Y, Moriguchi Y, Shimizu H. CO_2 emissions in Japan: influences of import and export. Applied Energy, 1998, (59): 163~174

[6] Przybylinski M. Bilateral "pollution flows" between Poland and Germany. Paper presented at the 14th Int ernational conference on Input -Output Techniques held at UQAM, Montreal, Canada, 2002

[7] Hayami H, Nakamura M. CO_2 emission of alternative technologies and bilateral trade be-

tween Japan and Canada：technology option and implication for joint implementation. Paper Presented at the 14th International Conference on Input-Output Techniques Held at UQAM，Montreal，Canada，2002

［8］Lenzen M，Munksgaard J. Energy and greenhouse gas emissions embodied in trade. Paper Presented at the 14th International Conference on Input-Output Techniques Held at UQAM，Montreal，Canada ，2002

［9］Nadim A，Andrew W. Carbon dioxide emissions embodied in international trade of goods. OECD STI Working Papers15，2003

［10］Machado G V. CO_2 emissions and foreign trade-an IO approach applied to the Brazilian case. International Conference on Input-Output Techniques，Macerata，Italy，2000

［11］潘家华，陈迎. 气候变化国际制度：中国热点议题研究. 北京：中国环境科学出版社，2007

［12］沈利生. 我国对外贸易结构变化不利于节能降耗. 管理世界，2007，（10）：43～50

［13］刘峰. 中国进出口贸易能源消耗问题的研究. 清华大学硕士学位论文，2007

［14］齐晔，李惠民，徐明. 中国进出口贸易中的隐含能估算. 中国人口资源与环境，2008，（3）：69

我国能源消耗强度变动趋势及因素分解
——基于区域的角度[①]

□ 魏　楚[②]　苏小龙
（浙江理工大学经济管理学院）

摘要：本文基于区域的角度，采用适应性加权迪氏指数分析法，对中国1997～2007年能耗强度变化进行因素分解，结果显示：地区能耗强度下降是导致中国能耗强度下降的主要因素，而地区经济比重变化对能耗强度变化的贡献很小；东部地区对全国能耗强度变动的贡献最大，其次分别为中部和西部。进一步分析发现，除了国家发展和改革委员会在地区目标分解中确定的山东、山西、吉林为节能重点省份外，还需要重点关注江苏、辽宁、黑龙江、四川、贵州、重庆等省（市）的节能工作，并加强对山西、内蒙古和重庆等地的宏观调控与管理。

关键词：适应性迪氏分解法　能耗强度　区域　节能减排

Empirical Analysis of China's Energy Intensity: Based on Regional Decomposition

Wei Chu, Su Xiaolong

Abstract：From regional perspective, this paper employs the Adaptive Weighing Divisia (AWD) method to decompose China's energy intensity into regional energy intensity effect and regional economy share effect from 1997 to 2007. The result shows that, the change of regional energy intensity is the main driving force of national energy intensity change. Among three regions, East region contribute most, while the Middle and West contribute less. Beyond the focused provinces, Shandong, Shanxi and Jilin, which conducted by National De-

① 本文受国家社会科学基金重点项目（08AJY031）、国家社会科学基金青年项目（10CJY002）、教育部人文社会科学基金青年项目（09YJC790246）和浙江省"钱江人才计划"资助。

② 魏楚，通信地址：浙江杭州下沙高教园，浙江理工大学经济管理学院；邮编：310018；邮箱：xiaochu1979@gmail.com。

velopment and Reform Commission，more attention should be taken to Jiangsu，Liaoning，Heilongjiang，Sichuan，Guizhou and Chongqing. Additionally，more regulation and management measures should be emphasis to Shanxi，Inner Mongolia and Chongqing.

Keywords：Adaptive weighting divisia decomposition　Energy intensity　Regional perspective　Energy-saving and emission-reduction.

1　前言

改革开放以来，我国经济呈现持续高速增长的态势，与此同时，能源消费量也持续上升，从 1978 年的 57 144 万吨标准煤增加到 2005 年的 222 000 万吨标准煤，年均增长速度为 5.26%[1]。然而，我国是全球人均能源保有量最低的国家之一[2]，随着工业化与城镇进程的加快，经济持续发展和人民生活水平日益提高对一次能源的需求将进一步扩大，能源供需矛盾将更趋尖锐。

虽然改革开放以来我国单位产值能耗呈现不断下降的趋势，但是与日本、美国等发达国家相比，我国的能耗强度还处于比较高的水平。根据世界银行的统计数据，2006 年中国的能耗强度是日本的 6.69 倍，是世界平均水平的 2.94 倍，要实现经济的持续快速发展，节能降耗显得尤为重要。《中华人民共和国国民经济和社会发展第十一个五年规划纲要》中指出，"十一五"期间全国单位国内生产总值能源消耗降低 20% 左右。用量化指标来衡量经济质量，体现了我国努力实现经济增长方式从粗放型向集约型转变的决心。

改革开放以来，已有不少学者对我国能耗强度下降的原因进行了研究，也取得了一些重要的研究成果。其中绝大多数是按行业将国民经济进行分类，研究行业的结构效应和技术进步效应，由此得出相应的该加强节能降耗的部门或行业，具有较强的政策意义。但是此类研究方法也存在不足的地方，因为把国民经济分为几个行业进行因素分解，的确可以得出相应的行业对能耗强度下降的贡献，并由此确定相应需要加强节能的行业部门，但是无法获取各地区的相对贡献，往往导致在节能目标的地区分解问题上，趋向于"一刀切"、"齐步走"。由于中国地区经济发展不平衡，各个省（区、市）的能源利用效率及地区占全国的经济比重存在着巨大差别，而且不同地区之间在改革的承载和接受能力上也存在很大的差异[3]，这都将导致不同地区对全国能耗强度下降的贡献不同。因此，在节能目标的地区分解问题上采取"有差别的"、"分而治之"的梯次推进方法将更加合理[4]。本文即是一个基于区域视角的研究，通过研究将确定东、中、西部地区对我国能耗强度下降的贡献，以及各个地区内需要重点加强节能降耗的省（区、市）。

2 文献回顾

对能耗强度变动的分析一般有三种思路。

第一种是因素分解法。现在大量文献中使用的分解法包括迪氏（Divisia）、拉氏（Laspery）和完全因素分解法，他们一般都基于产业部门进行分解。韩智勇等对中国 1998～2000 年能耗强度的分解结果表明，我国能耗强度下降的主要动力来自于产业部门能源利用效率的提高，结构因素贡献较小[5]。Liao 等采用了算术平均迪氏指数法的加法形式和乘法形式研究 1997～2002 年中国工业能耗强度变化的部门结构因素和效率因素，结果显示部门内的能源效率因素是促使能耗强度下降的主要因素，贡献率为 106％，而部门的结构因素则起到了反向作用[6]。王俊松和贺灿飞采用对数平均迪氏指数法（Logarithmic mean Divisia index，LMDI）将中国 1994～2005 年的能耗强度变化分解，研究结果表明 1997～2005 年能耗强度降低主要得益于技术进步[7]。周勇和李廉水也得出了产业能耗强度变动是导致我国能耗强度变动的主要解释因素[8]。齐志新和陈文颖采用拉氏因素分解法，结果显示 1980～2003 年我国能耗强度下降中技术进步起到了决定作用[9]。而余甫功采用完全因素分解法，结果显示广东省能耗强度变化中产业能源利用效率提高是能耗强度下降的主要动力[10]。谭忠富和蔡丞恺对北京市的研究也有类似的结论[11]。

第二种是采用计量模型进行估计。路正南分析了我国 1978～1997 年能源消费总量与国民经济生产总值和第一、二、三产业国内生产总值的关系，结果显示第二产业的变化对消费总量影响最大，第三产业对其影响最小[12]。史丹研究显示结构变动对我国的能源消费有着非常重要的影响[13]。徐博和刘芳研究了能源消费结构对能源消费的影响，结果显示经济结构的变动降低了单位 GDP 的能源消耗[14]。史丹和张金隆的研究结果也同样表明，产业结构变动是能源消费的重要影响因素[15]。魏楚和沈满洪将结构调整细分为产业结构、工业结构、产权结构、要素结构和能源结构，基于计量模型进行了细致研究，结果发现产业结构调整、国有产权改革和能源结构的优化能够改善能源效率，但是过度的资本深化可能对其产生负面影响[16]。

第三种是利用投入产出模型或者一般均衡模型（CGE）进行定量分析。例如，李爱军利用湖北省 2002 年的 64 个部门投入产出表，对能耗强度进行了分部门、分能源品种的分解，并对 2010 年不同情景下的能耗强度进行数值仿真[17]。蔡文彬和胡宗义运用动态 CGE-MCHUGE 模型研究技术进步与能源强度的关系，结果发现在 2006~2010 年，如果技术进步 0.762%，能耗强度将下降 1%，能耗强度下降的主要原因是能源需求的下降和 GDP 的增加，其中高能耗产业的技术进步起到关键作用[18]。

一方面，对于计量分析方法，由于解释变量的设定往往取决于主观判断，加上应用的数据层面不一致，从而导致计量回归的结论有差异。另一方面，该方法往往只能得出各种因素对能耗强度量的影响程度，而对能耗强度变化影响的说服力较弱。基于投入产出模型或者 CGE 模型进行的定量分析往往要求较多数据，同时参数的设定比较敏感，假设条件的变化往往造成结论相差较大，一般用于政策影响评价。相比较而言，因素分解法则更为直观简洁，它可以直接对能耗强度变化进行分解，从而能够对影响能耗强度变化的因素进行定量分析，而且数据的收集和处理也更为容易。但此前的研究大多数是基于行业的角度，缺少对区域视角的考察，本文即是对此问题的另一个角度的研究和补充，即基于区域分解的视角对我国能耗强度的下降进行因素分解。

3　方法与数据

3.1　研究方法

因素分解法主要有迪氏和拉氏因素分解法。其中拉氏因素分解法由于计算过程简单，得到了广泛的应用；迪氏因素分解法源于 1924 年法国数学家 Divisia 提出的一种新的指数形式，之后根据 Theil 于 1967 年提出的近似计算公式，在研究货币量增长与生产率增长中得到了广泛的应用。

不管是拉氏因素分解法还是迪氏因素分解法，由于是近似计算，所以都存在余值问题，但是两种方法相比较而言，拉氏因素分解余值问题更为突出。迪氏分解法根据近似不同又产生多种具体的分解结果。本文采用了适应性迪氏分解法（adaptive weighting divisia），其基本推导过程如下：

假设经济中有 m 个省份，在时间 t 的能源消耗及产出定义如下：E_t 为能源总消耗；E_{it} 为省份 i 的能源消耗；ES_i 为省份 i 能源消耗占总消耗的比重（ES_i/E_t）；Y_t 为总产出，Y_{it} 为省份 i 的产出；S_{it} 为省份 i 的产出份额（Y_{it}/Y_t）；I_t 为总能耗强度（E_t/Y_t）；I_{it}为省份 i 的能耗强度（E_{it}/Y_{it}）。

总能耗强度可以用地区产出份额和地区能耗强度表示，即可以用地区经济比重和地区能源效率表示。

$$I_t = \sum_i I_{it} S_{it} \tag{1}$$

适应性加权迪氏指数法的推导得出的公式如下：

$$(1 + D_{str}) = \exp\{\sum_i (ES_i + \beta_i \Delta ES_i)(\ln S_{it} - \ln S_{i0})\} \tag{2}$$

$$(1 + D_{int}) = \exp\{\sum_i (ES_i + \gamma_i \Delta ES_i)(\ln I_{it} - \ln I_{i0})\} \tag{3}$$

$$(1 + RD) = (1 + D_{tot}) / (1 + D_{str})(1 + D_{int}) \tag{4}$$

其中：

$$\beta_i = \frac{I_{i0}/I_0 (Y_{it} - Y_{i0}) - ES_{i0}(\ln Y_{it} - \ln Y_{i0})}{(ES_{it} - ES_{i0})(\ln S_{it} - \ln S_{i0}) - (I_{it}/I_t - I_{i0}/I_0)(S_{it} - S_{i0})} \tag{5}$$

$$\gamma_i = \frac{S_{i0}/I_0 (I_{it} - I_{i0}) - ES_{i0}(\ln I_{it} - \ln Y_{i0})}{(ES_{it} - ES_{i0})(\ln I_{it} - \ln I_{i0}) - (S_{it}/S_t - S_{i0}/I_0)(I_{it} - I_{i0})} \tag{6}$$

式中，D_{str} 为各地区 GDP 比重变化效应；D_{int} 为各地区的能耗强度变动效应；RD 为误差项，反映结构变化因素和能耗强度变化因素的估计误差，RD 为正表示两个因素对能耗强度变化的贡献被低估，RD 为负则表示高估。

以上是按因素分解，还可以把宏观量的变化分解到各个省份，和按因素分解的逻辑一样，假设其他省份不变，求第 i 个省份变化时的增量，以能耗强度为例，计算公式如下：

$$\Delta I = I_t - I_0 = \sum_i (I_{it} S_{it}) - \sum_i I_{i0} S_{i0} = [(I_{it} S_{it} - I_{i0} S_{i0}) + 0]$$
$$+ [(I_{2t} S_{2t} - I_{20} S_{20}) + 0] + \cdots \tag{7}$$

按照公式（7）分解出的各项依次是各个省份对整体能耗强度的贡献。

3.2 变量与数据

本文以 1997～2007 年为时间区段，按照中国统计局的划分标准，把全国 31 个省（区、市）划分为东、中、西三个地区，以各个省（区、市）的能源消费量和 GDP 为初始数据，采用适应性加权迪氏分解法分析中国能耗强度下降的原因及各个地区的贡献和各个地区内部省（区、市）的贡献。其中各变量及数据来源说明如下：

GDP 及 GDP 指数：来自历年《中国统计年鉴》，并以 1997 年不变价格计算，全国的 GDP 为各个省（区、市）当年真实 GDP 的加总得到，单位为亿元。

能源消费量：数据来源于历年《中国能源统计年鉴》，全国的能源消费量为各个省（区、市）当年能源消费量的加总得到，单位为万吨标准煤。

地区划分：东、中、西部地区的划分依据中国统计局的标准，其中东部地区包括北京、天津、河北、辽宁、上海、江苏、浙江、福建、山东、广东、广西、海南 12 个省（区、市）；中部地区包括山西、内蒙古、吉林、黑龙江、安徽、江西、河南、湖北、湖南 9 个省（区）；西部地区包括重庆、四川、贵州、云南、西藏、陕西、甘肃、宁夏、青海、新疆 10 个省（区、市）。由于西藏的能源消费数据缺失较多，因此样本中不包括西藏。

全国及东、中、西部地区的各变量的统计性描述见表 1。

表 1　各地区能源消费及 GDP 变量的描述性统计（1997～2007）
Tab. 1　Regional energy consumption and GDP variables descriptive statistics（1997～2007）

| | 能源消费量/（万吨标准煤） | | | | 真实 GDP/亿元 | | | |
	全国	东部	中部	西部	全国	东部	中部	西部
平均	198 277.2	99 109.1	61 775.7	37 392.4	134 087.4	80 189.9	36 396.3	17 501.2
中位数	166 708	82 303	52 532	31 873	121 385	72 216.3	33 095.5	16 073.5
方差	4.4E+09	1.3E+09	3.9E+08	1.2E+08	2.4E+09	9.5E+08	1.6E+08	3.4E+07
最小值	136 552	65 256	44 189	27 107	76 681.7	44 366.1	21 637.7	10 677.9
最大值	316 788	162 196	97 368	57 224	227 238.1	137 960	60 784.3	28 493.8

4　对全国及地区能耗强度的分解

本文用 AWD 方法对 1997～2007 年中国东、中、西部地区的经济产出和能源消费进行了分析。表 2 是因素分解结果，残差效果的数值大小反映了因素分解的精确程度，从表 2 的残差效果及贡献来看，基本都接近于零，表明本文 AWD 方法对能耗强度进行分解的结果误差较小，其结论比较可靠。

表 2　我国能耗强度变化因素分解及因素贡献率（单位:%）
Tab. 2　Decomposition of China's energy intensity changes（%）

| 年度 | 总变动效应 | 各地区能耗强度变动 | | 各地区经济比重变化 | | 残差 | |
		效应	贡献	效应	贡献	效应	贡献
1998	−0.085	−0.001	1.695	−0.084	98.450	0.000 00	−0.000 03
1999	−0.069	−0.002	3.212	−0.067	97.000	0.000 00	0.000 03
2000	−0.047	−0.001	3.141	−0.046	97.003	0.000 00	0.000 01
2001	−0.037	−0.001	2.457	−0.036	97.632	0.000 00	0.000 00
2002	−0.021	−0.001	6.427	−0.019	93.696	0.000 00	0.000 00
2003	0.066	−0.002	−2.974	0.068	103.174	0.000 00	0.000 03
2004	0.021	−0.001	−6.640	0.022	106.786	0.000 00	0.000 00
2005	0.006	−0.001	−17.268	0.007	117.387	0.000 00	−0.000 02
2006	−0.032	−0.001	3.395	−0.031	96.709	0.000 00	0.000 00
2007	−0.042	0.000	0.834	−0.042	99.201	0.000 00	0.000 00

从总能耗强度变化情况来看，1997～2002 年我国能耗强度持续下降，降幅

从 1998 年的 4.733% 到 2002 年的 1.464%。2003 年开始到 2005 年能耗强度有所上升，表明这几年的能源利用效率出现下降。但 2006~2007 年能耗强度又有下降的趋势，这主要是由于从 2005 年开始的节能减排政策导致的。

从因素分解结果来看，1997~2007 年，我国能耗强度下降的最主要决定因素是各个地区的能耗强度的下降，而各地区的产出比重变动对能耗强度的贡献很小，即地区能耗强度下降是全国能耗强度下降的主要原因，而地区间经济差距的变化对宏观能耗强度变动的影响较小。

由于区域能耗强度变动是全国能耗强度变动的主要因素，为此对东、中、西部地区历年来对全国能耗强度的绝对效应和相对贡献进行了计算，如表 3 所示。

由表 3 可以看出，在 1997~2002 年，各区域的能耗强度下降均对全国能耗强度的下降有所贡献，其中东部地区的贡献为 41.03%，要显著高于中部地区（37.43%）和西部地区（21.55%）。2003~2005 年，全国能耗强度出现了逆转，同样也是地区能耗强度上升所致，但是在 2005 年呈现地区分化态势，尽管当年中、西部地区能耗强度相比 2004 年出现了下降，但是由于东部地区能耗强度仍然在上升，而且其影响程度较大，因此带动了全国能耗强度的继续攀升。这一时期，全国宏观能耗强度的上升主要受东部地区影响，其贡献为 84.29%，而中、西部地区的贡献率分别为 19.59% 和 -3.87%。直到 2006~2007 年，由于节能减排约束性目标的实施，各地区能耗强度均出现了下降，使得全国能耗强度再次出现拐点下降，这一时期东部贡献率为 51.86%，中部为 29.12%，西部能耗强度变动对全国能耗强度变动的贡献仍然最小，为 19.01%。因此，从 1997 年以来，中国能耗强度变动主要是受东部地区能耗强度变动的影响，其次分别为中、西部。

表 3　东、中、西地区对全国能耗强度变动的效应和贡献
Tab. 3　Three regions' contribution to China's energy intensity changes

年度	能耗强度变化量	东部		中部		西部	
		效应	贡献/%	效应	贡献/%	效应	贡献/%
1998	-0.153	-0.070	45.82	-0.065	42.74	-0.018	11.45
1999	-0.114	-0.042	37.11	-0.041	36.03	-0.031	26.86
2000	-0.072	-0.026	36.27	-0.032	43.77	-0.014	19.97
2001	-0.054	-0.020	37.52	-0.013	23.38	-0.021	39.10
2002	-0.029	-0.014	49.49	-0.007	25.31	-0.007	25.20
2003	0.091	0.061	66.53	0.019	21.18	0.011	12.29
2004	0.030	0.015	49.58	0.011	37.56	0.004	12.86
2005	0.009	0.018	199.99	-0.004	-40.33	-0.005	-59.66
2006	-0.048	-0.025	52.86	-0.014	28.33	-0.009	18.81
2007	-0.061	-0.032	51.86	-0.018	29.12	-0.012	19.01
1997~2002	-0.422	-0.173	41.03	-0.158	37.43	-0.091	21.55
2003~2005	0.039	0.033	84.29	0.008	19.59	-0.002	-3.87
2006~2007	-0.061	-0.032	51.86	-0.018	29.12	-0.012	19.01

接下来本文将进一步探究东、中、西三个区域内，对该区域的能耗强度下降的贡献比较大的省份。同样地，根据公式（7），可以计算出各省（区、市）对该地区能耗强度的贡献。

东部地区能耗强度在1997～2002年一直下降，但在2003～2005年出现了上升，直到2006年又出现下降。图1给出了东部地区各省（区、市）对该地区能耗强度变动的贡献累积图，可以看出，对东部地区能耗强度下降贡献最大省份的是山东，其次是江苏、辽宁和河北，海南对区域能耗强度的贡献最小，此外，福建和天津的相对贡献也不大。

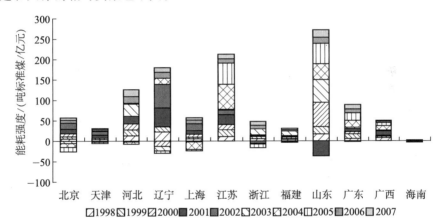

图1　东部12省（区、市）对东部地区能耗强度变动的贡献累积图（1997～2007）

Fig. 1　Cumulative contributions to the change of energy intensity in East（1997～2007）

中部地区能耗强度在1997～2002年一直下降，但在2003～2004年出现了反弹，直到2005年又出现下降。图2给出了中部地区各省（区、市）对该地区能耗强度变动的贡献累积图，总体来看，山西、内蒙古、黑龙江、河南的能耗强度对中部地区能耗强度下降的贡献最大，而江西对中部能耗强度变动的影响最小。在2002年之前，中部地区能耗强度变动主要受山西和黑龙江的影响，河南、内蒙古在2003年之后对中部能耗强度影响力加大。此外，山西、内蒙古两地在2001～2006年多次出现与区域能耗强度变动方向背道而驰的现象，这表明地区经济发展目标与宏观调控之间仍存在一定矛盾。

西部地区能耗强度与中部一样，在1997～2002年一直下降，2003～2004年出现了上升，直到2005年又出现下降。图3给出了西部地区各省（区、市）对该地区能耗强度变动的贡献累积图。可以看出，四川对整个西部地区能耗强度变动影响贡献最大，如2003年区域能耗强度上升、2005年区域能耗强度下降，均是四川能耗强度的较大变动所致；其次分别为贵州和重庆；青海、宁夏对区域能耗强度的影响程度则较小。值得关注的是，重庆对西部能耗强度贡献的负值较多且较大，表明重庆与区域能耗强度的宏观变动趋势存在一定差距。

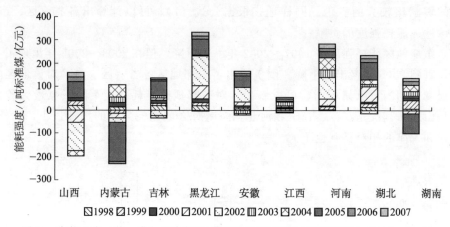

图 2　中部 9 省（区、市）对中部地区能耗强度变动的贡献累积图（1997～2007）

Fig. 2　Cumulative contributions to the change of energy intensity in Middle（1997～2007）

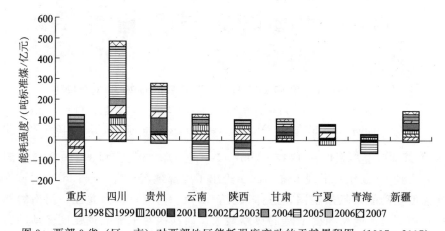

图 3　西部 9 省（区、市）对西部地区能耗强度变动的贡献累积图（1997～2007）

Fig. 3　Cumulative contributions to the change of energy intensity in West（1997～2007）

5　对节能目标地区分解的讨论

根据 2006 年国家发展和改革委员会《关于报请审批下达〈"十一五"期间各地区单位生产总值能源消耗降低指标计划〉的请示》，各省（区、市）在"十一五"期间的地区节能目标一般设定为 20%，而部分省（区、市）的节能目标则超过 20%，这些省（区、市）可以视作具有较大节能潜力或者对全国节能影响较大的地区，包括山东，山西、内蒙古和吉林。根据本文此前的分析，全国能耗强度变动主要是由于区域能耗强度变动所致，因此那些对区域能耗强度变动影响最大的省（区、市），也会对全国能耗强度影响较大，这些均应是值得关注的节能地区。参照图 2、图 3、图 4 的分析结论，本文将东、中、西部地区节能贡献较大的三个省（区、市）与国家发展和改革委员会划定的节能目标较高的省（区、市）进行了比较，如表 4 所示。

表4 本文计算得出的节能重点省（区、市）与"十一五"规划的节能重点省（区、市）对比
Tab. 4 Comparison between "11th Five-Year Plan" and the result in the paper

区域	省（区、市）	下降幅度/%	"十一五"节能目标较高的省（区、市）	本文计算的节能贡献较大的省（区、市）
东部	辽宁	20		▲
	江苏	20		▲
	山东	22	△	▲
中部	山西	25	△	▲
	内蒙古	25	△	▲
	吉林	30	△	
	黑龙江	20		▲
西部	重庆	20		▲
	四川	20		▲
	贵州	20		▲

注："十一五"规划中节能目标大于 20% 的省（区、市）可以视作节能贡献较大的省（区、市），用"△"表示。本文计算得出每个地区选择影响最大的三个省（区、市）为重点省（区、市），用"▲"表示。

从表 4 的比较结果来看，与国家发展和改革委员会划定的地区相比，本文建议需要重点关注的节能降耗的省（区、市）中，东部除了山东外，还应该包括江苏和辽宁；中部除了山西、吉林外，还应该包括黑龙江，而设定给吉林的 30% 的地区节能目标即便能够完成，其对区域和全国的能耗强度下降影响也不大；西部则需要关注四川、贵州和重庆等地。当然，在制定地区节能分解目标时，可能还需要考虑到不同地区的经济发展水平、能源技术水平、节能潜力等诸多因素，但是如果从每个省（区、市）对区域能耗强度的相对贡献角度来讲，对具有不同节能贡献的省（区、市）分配有差异的地区节能目标，可能会更加具有针对性和更好的实施效果。

6 结论

本文采用了适应性迪氏分解法，通过 1997～2007 年分省（区、市）数据，对全国能耗强度进行了区域分解，并进一步分析了各省（区、市）对该区域能耗强度下降的贡献，主要结论如下：

（1）从区域角度来看，东、中、西三个地区的能耗强度下降是我国能耗强度下降的主要原因，而地区间经济产出比重的变动对全国能耗强度下降的贡献较小。

（2）东部地区能耗强度变动对我国能耗强度变动的影响最大，其次分别为中部和西部地区。在1997～2002年，东部贡献为41.03%，显著高于中部（37.43%）和西部地区（21.55%）；2003～2005年出现逆转，其中东部地区能耗强度的变动对全国能耗强度变动的贡献为84.3%，而中、西部地区的贡献率分别为19.59%和−3.87%；直到2006年全国能耗强度再次出现拐点下降，这一时期东部贡献率为51.86%，中部为29.12%，西部的贡献为19.01%。

（3）东部地区对能耗强度下降贡献较大的省份包括山东、江苏、辽宁和河北；中部贡献较大省份（区）包括山西、内蒙古、黑龙江和河南；对西部能耗强度影响较大的省份（直辖市）包括四川、贵州和重庆。

本文的政策涵义在于：尽管在现有政策中，所有省（区、市）都是节能减排的重点地区，但是对区域和全国能耗强度贡献较大的省（区、市），理应承担更高的节能目标，与现有的各地区"十一五"节能分解目标相比，除了需要关注已经确定的山东、山西、吉林等省（区、市）以外，还需要关注江苏、辽宁、黑龙江、四川、贵州、重庆等对区域能耗强度具有较大影响的省（区、市）。此外，山西、内蒙古和重庆等地的能耗强度与区域能耗变动趋势相背，需要进一步加强宏观调控。未来在"十二五"节能减排目标设定与地区分解时，需要考虑到不同区域和省（区、市）的差异性，可以根据不同的经济发展水平、资源禀赋和技术水平，对东、中、西部地区和地区内的不同省（区、市），按照其节能潜力以及对区域节能贡献程度来设定差异化目标。

参 考 文 献

[1] 刘宏杰，李维哲. 中国能源消费状况和能源消费结构分析. 国土资源情报，2006，12：9～12

[2] 蒋金荷. 提高能源效率与经济结构调整的策略分析. 数量经济技术经济研究，2004，21（10）：16～23

[3] 刘树成. 渐进式，一条符合中国国情的改革之路. 光明日报，2008～12～17. 第5版

[4] 常兴华，张建平，杨国锋等. 部分省区节能减排工作调研报告. 宏观经济管理，2007，11：47～49

[5] 韩智勇，魏一鸣，范英. 中国能源强度与经济结构变化特征研究. 数理统计与管理，

2004，23（1）：1～6

［6］Liao H，Fan Y，Wei Y M. What induced China's energy intensity to fluctuate 1997－2006. Energy Policy，2007，35：4640～4649

［7］王俊松，贺灿飞．技术进步、结构变动与中国能源利用效率．中国人口资源与环境，2009，19（2）：157～161

［8］周勇，李廉水．中国能耗强度变化的结构与效率因素贡献——基于 AWD 的实证分析．产业经济研究，2006，4：68～74

［9］齐志新，陈文颖．结构调整还是技术进步——改革开放后我国能源效率提高的因素分析．上海经济研究，2006，6：8～16

［10］余甫功．我国能耗强度变化因素分析——以广东作为案例．学术研究，2007，2：74～79

［11］谭忠富，蔡丞恺．北京市能耗强度分析的完全因素分解方法．华北电力大学学报（社会科学版），2008，6：28～32

［12］路正南．产业结构调整对我国能源消费影响的实证分析．数量经济技术经济研究，1999，12：53～55

［13］史丹．结构变动是影响我国能源消费的主要因素．中国工业经济，1999，11：38～43

［14］徐博，刘芳．产业结构变动对能源消费的影响．辽宁工程技术大学学报（社会科学版），2004，6（5）：499～501

［15］史丹，张金隆．产业结构变动对能源消费的影响．经济理论与经济管理，2003，8：30～32

［16］魏楚，沈满洪．结构调整能否改善能源效率：基于中国省级数据的研究．世界经济，2008，11：77～85

［17］李爱军．基于投入产出模型的湖北省能源强度分解．统计与决策，2008，3：93～97

［18］蔡文彬，胡宗义．技术进步降低能源强度的 CGE 研究．统计与决策，2007，21：8～10

中国低碳发展水平及潜力分析探讨[①]

□ 朱守先[②]

（中国社会科学院城市发展与环境研究所）

摘要：发达国家正在加速向低碳经济转型，迈向低碳社会。中国作为最大的发展中国家，一方面要大力发展经济，推动工业化和城市化进程；另一方面，又面临着发展过程中资源环境的巨大压力，因此，中国经济走向低碳化是历史的必然选择。由于中国幅员辽阔，经济发展水平、能源结构、能源利用效率区域差异显著，论文选择碳生产率、碳能源强度、人均碳排放量作为量化指标，对全国30个省（区、市）（不含西藏）进行低碳化发展水平进行测度，预测其发展潜力，提出中国及区域实现低碳化发展的路径，从产业整合、能源利用等角度，探讨低碳发展的政策与建议。

关键词：低碳　发展水平　潜力　区域

Elementary Analysis on Low-carbon Development Level and Potential in China

Zhu Shouxian

Abstract：The developed countries are accelerating their transition to low—carbon economy and low carbon society. As the largest developing country，China faces both challenges to develop its economy and to promote industrialization and urbanization，as well as enormous pressure of resources and environment during its development. Consequently it is imperative to develop low-carbon economy in China. As a diverse country，different provinces in China have different level of economic development and different energy consumption patterns，and their energy efficiency vary too. The paper uses carbon productivity，carbon

---

①　基金项目：国家自然科学基金重点资助项目（编号：70933005）。

②　朱守先，通信地址：北京建国门内大街5号，中国社会科学院城市发展与环境研究所；邮编：100732；电话：010—65257396；邮箱：zhushouxian@yeah.net。

emission factor, per capita carbon emissions as quantitative indicators to evaluate low-carbon development level and potential among 30 provinces/autonomous regions/municipalities (excluding Tibet) in mainland China. At last the paper proposes roadmap for low-carbon development and presents policy recommendations for regional coordinated development.

Keywords: Low-carbon　Development level　Potential　Region

1　导言

现代社会发展对能源消费依赖程度日益提高，认识和把握国家能源消费行为规律及其碳排放特征成为提高能源供应保障安全、减少碳排放和应对气候变化的基本前提和必要条件。

作为世界上最大的碳排放国家之一，中国碳排放总量和格局引起国际社会的高度关注。中国作为最大的发展中国家，一方面要大力发展经济，推动工业化和城市化进程，另一方面，又面临着发展过程中资源环境的巨大压力，因此，中国经济走向低碳化是历史的必然选择。由于中国幅员辽阔，区域差异显著，因此，从省（区、市）视角研究碳排放总量和低碳发展水平，有利于国家碳减排目标和相关政策制定具有更为明确的针对性和可操作性。

2　国家层面分析

2.1　碳排放总量增长

根据美国橡树岭国家实验室二氧化碳信息分析中心的研究资料，1949～2009年，中国碳排放总量由0.16亿吨碳增长到20.49亿吨碳，增幅高达111倍，远远高于发达国家的碳排放增长速度。其中煤炭消费产生的碳排放量占中国碳排放总量的主体（图1）。

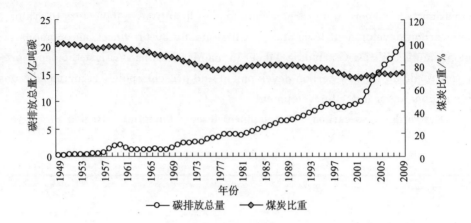

图1 中国碳排放总量增长和煤炭所占比重过程变化（1949～2009年）

Fig. 1 China's carbon emissions growth and coal proportion change（1949～2009）

资料来源：http：//cdiac. ornl. gov/trends/emis/meth _ reg. html

　　新中国成立初期的1953年煤炭消费产生的碳排放量占中国碳排放总量的比重高达99％，虽然此后的比重由于技术和政策的因素有所下降，但仍保持在70％以上的高位，这与中国的资源禀赋和能源消费结构密切相关。中国是产煤大国，中国能源消费结构以煤炭为主体的局面长期存在，新中国成立初期，中国煤炭消费比重超过90％，即使到2009年，煤炭消费比重仍高达70.4％（图2）。

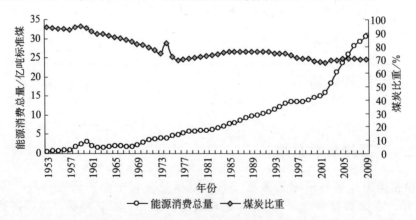

图2 中国能源消费总量增长和煤炭所占比重过程变化（1953～2009年）

Fig. 2 China's total energy consumption growth and coal proportion change（1953～2009）

资料来源：新中国六十年统计资料汇编；中国统计年鉴（2010）

2.2 碳排放、能源消费和经济增长的关系

能源是经济增长的命脉，也是碳排放产生的主要来源。根据美国橡树岭国家实验室二氧化碳信息分析中心的研究资料，1953～2009 年，中国碳排放总量增长了 51 倍，中国经济和能源消费总量则分别增长了 67 倍和 49 倍（图 3）。由图 3 可以看出，中国能源消费和碳排放呈现出较好的耦合性。从经济增长与碳排放和能源消费的关系来看，以 1997 年为分水岭，1997 年之前，中国经济增长幅度低于能源消费和碳排放的增长幅度，1997 年之后，中国经济增长幅度显著快于能源消费和碳排放的增长幅度。究其原因，与中国能源利用效率提高和技术进步以及节能减排等政策密切相关。

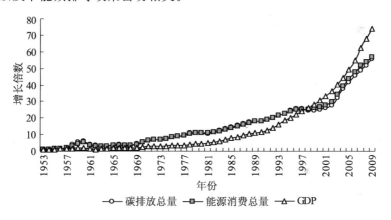

图 3　中国碳排放、能源消费与 GDP 增长过程变化（1953～2009 年）

Fig. 3　China's carbon emissions, energy consumption and GDP growth process (1953～2009)

资料来源：http：//cdiac. ornl. gov/trends/emis/meth _ reg. html/；

新中国六十年统计资料汇编；中国统计年鉴（2010）

2.3 碳排放指标的国际对比分析

2008 年中国人均碳排放为 1.431 吨碳，比世界平均水平高出 0.159 吨碳（表 1）。与"G8＋5"国家和世界平均水平相比，中国碳生产率位于较低水平，2008 年中国碳生产率仅为世界平均水平的 32％，法国的 8.1％。由于以煤炭为主的能源消费结构，中国的碳能源强度较高。在"G8＋5"国家中，2008 年中国的碳能源强度仅低于印度，比世界平均水平高出 0.193 吨碳/吨标准油。

综合分析，中国的碳生产率和碳能源强度均落后于世界平均水平，更远远落后于发达国家，一方面，中国低碳发展面临巨大的资源环境压力，同时，中国低碳发展也面临着前所未有的发展机遇。

表 1　"G8＋5" 碳排放指标比较（2008 年）
Tab. 1　Carbon emission indicators comparison of "G8＋5" (2008)

	人均碳排放/（吨碳/人）	碳生产率/（万美元/吨碳）	碳能源强度/（吨碳/吨标准油）
中国	1.431	0.228	0.945
美国	5.084	0.919	0.671
加拿大	4.521	0.930	0.449
墨西哥	1.210	0.844	0.773
巴西	0.557	1.509	0.469
法国	1.632	2.817	0.396
德国	2.581	1.723	0.683
意大利	2.020	1.896	0.685
俄罗斯	3.002	0.378	0.625
英国	2.361	1.825	0.687
印度	4.202	0.254	1.086
日本	2.674	1.438	0.671
南非	2.482	0.229	0.921
世界平均	1.272	0.712	0.752

资料来源：http：//cdiac.ornl.gov/trends/emis/meth_reg.html/；BP 世界能源统计（2010）；国际统计年鉴（2010）

2.4　中国低碳发展水平测度

2.4.1　低碳发展的概念界定

低碳发展的术语首次出现在官方文件是 2003 年英国发表的《我们未来的能源——创建低碳经济》白皮书[1]。2006 年《斯特恩报告》（Stern Review）指出，全球以每年 GDP 1％的投入，可以避免将来每年 GDP 5％～20％的损失，呼吁全球向低碳经济转型[2]。2007 年政府间气候变化专门委员会（IPCC）第四次评估报告指出，全球未来温室气体的排放取决于发展路径的选择。

低碳发展（low-carbon development）是指碳生产率和人文发展均达到一定水平的发展状态[3]。低碳发展与经济发展阶段、资源禀赋、消费模式和技术水平等驱动因素密切相关，并且通过低碳化（decarbonization）进程得以实现。低碳化具有两个方面的含义：一是能源消费与碳排放的比重不断下降，即能源结构的清洁化，资源禀赋存在着决定性因素；二是单位产出所需要的能源消耗不断下降，即能源利用效率不断提高。从社会经济发展的长期趋势来看，由于技术进步、能源结构优化和采取节能措施，碳生产率也在不断提高[4]。

2.4.2 低碳发展水平的测度指标

衡量低碳发展水平，除了发展阶段这一基本背景之外，核心是在以下三个方面是否具备低碳发展的潜力：资源禀赋、技术水平及消费方式。根据以上分析，选择最能体现这三个要素内涵的指标构建低碳发展指标，即人均碳排放、碳生产率和碳能源强度（表2）。

表 2 低碳发展指标含义和计算方法
Tab. 2 Low-carbon development indicators meaning and calculation methods

核心指标	人均碳排放	碳生产率	碳能源强度
指标含义	反映不同消费模式导致的人均碳排放水平差异	衡量低碳技术水平	衡量资源禀赋、能源结构、能源效率等
计算方法	碳排放总量/人口总量	GDP/碳排放总量	碳排放总量/能源消费总量

2.4.3 中国低碳发展水平测度

根据中国低碳发展水平的测度分析，1990～2009 年中国碳能源强度幅度较小，基本保持在 0.63～0.70 吨碳/吨标准煤的水平（图4）。

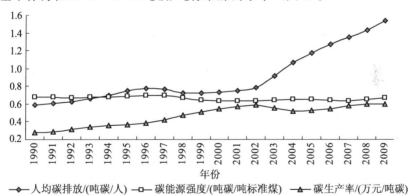

图 4 中国低碳发展水平测度（1990～2009 年）

Fig. 4 China's low-carbon development level measurement（1990 ～ 2009）

资料来源：http://cdiac.ornl.gov/trends/emis/meth_reg.html/；中国统计年鉴（2010）

从人均碳排放水平分析，1990～2002 年，中国人均碳排放从 0.57 吨碳/人增长到 0.77 吨碳/人，12 年间增幅为 34%，2002～2009 年中国人均碳排放增速显著加快，人均碳排放从 0.77 吨碳/人增至 1.53 吨碳/人，5 年间增幅高达 95.8%。1990～2009 年，中国碳生产率总体呈现上升态势，从 1990～2002 年，中国碳生产率从 0.28 万元/吨碳上升到 0.6 万元/吨碳（1990 年不变价），增幅高达 110%，

2003 年和 2004 年中国碳生产率略有下降，但从 2005 年起又呈上升趋势。

3 省（区、市）层面分析

省（区、市）作为区域发展的主体，其低碳发展水平决定着国家层面的整体水平。但由于中国各省（区、市）发展不平衡，低碳发展指标区域差异显著。各省（区、市）分品种（煤炭、石油、天然气等）碳能源强度，采用国家统一数据。

3.1 省（区、市）低碳发展指标分析

3.1.1 人均碳排放

由于碳排放主要受能源消费总量、能源消费结构及技术水平等的影响，中国各省（区、市）人口数量与碳排放并不存在显著的相关关系，人均碳排放最高的省（区、市），人口却并不是最少的，反之亦然。人均碳排放超过 4 吨的内蒙古，人口数量在 30 个省（区、市）中位居第 23 位。人均碳排放最低的广西，人口数量在全国居第 11 位（表 3）。

表 3　中国部分省（区、市）低碳发展指标计算（2008 年）
Tab. 3　Low-carbon development indicators calculation among provinces (2008)

省（区、市）	人均碳排放/（吨碳/人）	碳生产率/（万元/吨碳）	碳能源强度/（吨碳/吨标准煤）	省（区、市）	人均碳排放/（吨碳/人）	碳生产率/（万元/吨碳）	碳能源强度/（吨碳/吨标准煤）
北京	2.51	2.61	0.67	河南	1.44	1.33	0.72
天津	2.89	1.98	0.63	湖北	1.21	1.64	0.55
河北	2.58	0.89	0.73	湖南	1.18	1.54	0.65
山西	3.18	0.68	0.73	广东	1.31	2.94	0.54
内蒙古	4.27	0.82	0.74	广西	0.73	2.01	0.53
辽宁	3.12	1.02	0.70	海南	0.74	2.38	0.57
吉林	2.04	1.15	0.69	重庆	1.22	1.67	0.60
黑龙江	1.79	1.21	0.69	四川	0.84	1.85	0.47
上海	3.19	2.33	0.59	贵州	1.38	0.68	0.66
江苏	1.73	2.33	0.61	云南	0.96	1.30	0.58
浙江	1.91	2.19	0.65	陕西	1.26	1.55	0.67
安徽	0.98	1.47	0.72	甘肃	1.25	0.96	0.61
福建	1.37	2.19	0.60	青海	1.73	1.06	0.42
江西	0.83	1.91	0.68	宁夏	3.68	0.53	0.71
山东	2.26	1.46	0.71	新疆	2.20	0.89	0.66

资料来源：http://cdiac.ornl.gov/trends/emis/meth_reg.html/；中国统计年鉴（2009）；中国能源统计年鉴（2009）

3.1.2 碳生产率

碳生产率作为衡量低碳发展水平的重要指标，在 30 个省（区、市）中也表现出显著差异。碳生产率位居前 2 位的广东和北京均为经济发达省市，2008 年广东和北京的 GDP 总量在全国分别位居第 1 和第 12 位，但是 GDP 总量在全国分别位居第 2 和第 3 位的江苏和山东，碳生产率却仅排在第 5 和第 17 位。与各省（区、市）人口与碳排放的关系类似，各省（区、市）GDP 与碳排放也呈现明显的离散特征。

3.1.3 碳能源强度

与前两项指标不同，各省（区、市）能源消费量与碳排放量呈现出高度的相关性，除广东、广西、四川和青海等少数省区外，其余省份碳能源强度均在 0.55 以上，反映碳能源强度在各省（区、市）差别较小。碳能源强度的差别主要体现在区域能源利用结构、利用效率和技术基本等方面。煤炭消费比重较高的省份，如河北、山西、内蒙古，碳能源强度高达 0.73 以上。

3.2 省（区、市）低碳发展潜力分析

通过对低碳发展 3 个核心指标的测度，可以看出 30 个省（区、市）低碳发展水平差异显著，同样各省（区、市）低碳发展潜力也不尽相同。

为进一步分析各省（区、市）低碳发展潜力，可应用 3 项经济与社会发展指标进行预测。

首先是人类发展指数（human development index，HDI）。根据联合国开发计划署的界定，HDI 大于 0.8 为高人类发展水平，0.5～0.8 为中等人类发展水平，小于 0.5 为低人类发展水平[5]，2008 年中国 HDI 为 0.793，接近高人类发展水平，其中北京、天津、河北、山西、内蒙古、辽宁、吉林、黑龙江、上海、江苏、浙江、福建、山东、广东 14 省（区、市）HDI 超过 0.8，达到高人类发展水平，其余 16 个省（区、市）HDI 介于 0.69～0.8，为中等人类发展水平[6]。

其次是产业结构多元化演进水平（evolution of industrial structure diversification degree，简称 ESD）。ESD 的计算公式为

$$ESD = \sum (P/P, S/P, T/P)$$

式中，P 为第一产业产值；S 为第二业产值；T 为第三产业产值。ESD 的值域为 1 至无穷大[7]。

通过计算得出，30 个省（区、市）有 9 个省（区、市）ESD 超过 10，占

30％。其中上海、北京和天津三大直辖市位列前三位，分别为 122.52、92.97
和 51.84。21 个省（区、市）ESD 在 10 以下，占 70％。2008 年上海、北京和天
津三次产业结构分别为 0.8：45.5：53.7、1.1：25.7：73.2 和 1.93：60.13：
37.94，第一产业比重均在 2％以下。ESD 最低的海南，仅为 3.33，2007 年三次
产业结构为 30：29.8：40.2，第一产业比重位居全国首位（表 4）。

表 4　中国省（区、市）产业结构与能源消费结构指标计算（2008 年）
Tab. 4　Industrial structure and energy consumption structure indicator
calculation among provinces /autonomous regions/municipalities（2008）

省（区、市）	人类发展指数	产业结构多元化演进水平	非煤能源消费比重/%	省（区、市）	人类发展指数	产业结构多元化演进水平	非煤能源消费比重/%
北京	0.891	92.97	39.80	河南	0.787	6.92	12.10
天津	0.875	51.84	36.00	湖北	0.784	6.37	43.20
河北	0.810	7.96	7.60	湖南	0.781	5.56	22.80
山西	0.800	22.94	8.20	广东	0.844	18.12	49.20
内蒙古	0.803	8.56	4.20	广西	0.776	4.93	42.66
辽宁	0.835	10.34	23.60	海南	0.784	3.33	67.20
吉林	0.815	7.01	24.10	重庆	0.783	8.86	36.26
黑龙江	0.808	7.63	31.30	四川	0.763	5.29	51.60
上海	0.908	122.52	55.80	贵州	0.690	6.08	17.30
江苏	0.837	14.43	32.50	云南	0.710	5.58	33.20
浙江	0.841	19.62	31.10	陕西	0.773	9.09	29.50
安徽	0.750	6.26	12.43	甘肃	0.705	6.86	30.90
福建	0.807	9.35	35.00	青海	0.720	9.11	60.50
江西	0.760	6.11	21.00	宁夏	0.766	9.15	13.30
山东	0.828	10.35	21.90	新疆	0.774	6.08	46.70

资料来源：中国人类发展报告（2009/2010），中国统计年鉴（2009）；中国能源统计年鉴（2009）

　　最后是非煤能源消费比重，煤炭是含碳量最高的化石能源，非煤能源消费
比重越高，单位能源消费产生的碳排放越小，同样也越有利于低碳发展。2008
年，海南、青海、上海、四川 4 个省市的非煤能源消费比重超过 50％，而山西、
河北、内蒙古 3 个省区的非煤能源消费比重不足 10％。

　　根据三个指标的分析，中国如北京、上海和广东等省（区、市）低碳发展
水平走在全国前列，产业结构和能源消费结构调整空间较小。而多数省（区、
市），尤其是西部省（区、市），社会经济发展水平相对滞后，产业结构不尽合
理，煤炭等高碳能源消费比重较高，低碳发展尚处于萌芽或起步阶段[8]。所以
要实现低碳发展，必须克服资源禀赋、技术进步和政策因素等影响，适度优化
产业结构，多开发低碳能源，尤其是可再生能源[9]，从而缩小低碳发展水平的
区域差异，共同迈向低碳社会。

4 结论与建议

低碳经济是发达国家为应对全球气候变化而提出的新的经济发展模式，它强调以较少的温室气体排放获得较大的经济产出。目前它正成为一种新的国际潮流，影响着各国的经济社会发展进程。中国作为发展中的温室气体排放大国，在向低碳经济转型的过程中，面临着特定的制约因素，同时也具备一定的潜在优势。中国低碳发展的三项核心指标，人均碳排放、碳生产率和碳能源强度与世界平均水平均存在一定差距，其中碳生产率指标与发达国家差距更大。中国需要在复杂的国际政治经济环境中，建设性地参与应对气候变化的进程，在发展战略、政策机制、技术创新等方面，积极做好向低碳经济转型的准备。

第一，结构低碳化发展。结构低碳化包括两方面：一是产业结构低碳化；二是能源结构低碳化。在经济规模和技术水平类似的情况下，如果产业结构不同，则碳排放量可能相去甚远，大耗能的工业制造业、建筑业和交通运输业是碳排放的主体。然而，调整产业或经济结构受到诸多因素的制约。产业结构是与一定的经济和社会发展阶段相适应的。处于工业化进程中的发展中国家，工业在国民经济中的比例会在相当长的时期内占据主导地位。中国可以首先根据区域差异，跨省（区、市）调整产业结构，开展产业梯度转移，配合先进技术的使用，优化产业配置。其次是调整能源结构。在三种主要化石能源中，煤的含碳量最高，油次之，天然气的单位热值碳密集只有煤炭的59.3%。其他形式的能源如核能、风能、太阳能、水能、地热能等属于零碳能源。中国煤炭消费在能源消费总量占据主导地位，也是碳排放的主体，从保证能源安全和低碳发展的角度看，发展低碳和无碳能源，促进能源供应的多样化，是减少煤炭消费降低对进口石油依赖度的必然选择。

第二，发展低碳化技术，提高能源效率。先进技术最终要为解决能源和碳排放问题发挥作用，技术的研发、传播和扩散非常重要。中国是发展中的碳排放大国，低碳技术水平相对落后，研发能力相对不足，加强技术国际合作，充分借鉴发达国家低碳发展的成功技术尤为重要。中国能源强度下降的主要动力来自各产业能源利用效率的提高，其中工业能源强度下降是总体下降的主要原因。相对于发达国家，中国能源强度的下降空间仍然很大，重点行业和产品实物耗能与国际先进水平有较大差距，提高能源效率可以实现能源安全、低碳排放和提高竞争力等多重目标。

第三，开展低碳发展规划，加强低碳管理。中国正处于社会和经济发展的关键时期，在国家社会和经济发展规划中融入低碳发展目标尤为必要。目前一些低碳发展试点城市已经出台政府文件建设低碳城市，如保定市，然而尚无省份和城市制订低碳发展规划，国家级低碳发展指导意见尚在酝酿之中。由于中国省（区、市）区域差异显著，低碳发展规划应结合各省（区、市）节能减排目标，总结不同类型地区低碳发展经验，制订切实可行的低碳发展路线图，探索低碳发展综合解决方案。同时，政府应制定相关政策，加强低碳管理，关注关键领域，如低碳建筑和清洁能源汽车的技术开发，宣传、鼓励和引导低碳消费。

参 考 文 献

[1] DTI（Department of Trade and Industry）. Energy White Paper：Our Energy Future-Create a Low Carbon Economy. London：TSO，2003

[2] Nicolas S. Stern Review on the Economics of Climate Change，Cambridge University Press，2007

[3] 潘家华. 低碳发展的社会经济与技术分析. 见：滕藤，郑玉歆. 可持续发展的理念、制度与政策. 北京：社会科学文献出版社，2004，223～262

[4] 庄贵阳. 中国经济低碳发展面临的机遇和挑战. 见：中国社会科学院环境与发展研究中心. 中国环境与发展评论（第三卷）. 北京：社会科学文献出版社，2007，335～345

[5] 联合国开发计划署. 2009 年人类发展报告. 2009

[6] 联合国开发计划署. 2009/10 中国人类发展报告. 2010

[7] 张雷. 中国一次能源消费的碳排放区域格局变化. 地理研究，2006，（25）1：1～9

[8] 张坤民. 低碳世界中的中国：地位、挑战与战略. 中国人口·资源与环境，2008，18（3）：1～7

[9] 庄贵阳. 中国经济低碳发展的途径与潜力分析. 国际技术经济研究，2005，8（3）：8～12

低碳经济目标下的上海产业结构优化政策研究[①]

——基于上海能源-经济 SAM 乘数分析

□ 赵子健[②]　蔡丽丽　赵　旭

（上海交通大学安泰经济与管理学院）

摘要：本文编制了上海能源-经济 SAM 表，通过相关的乘数和结构化路径分析，探讨上海未来的低碳产业规划及对高耗能产业的合理规制手段。结果表明，上海应发展以金融业为核心，租赁和商务服务业，信息传输、计算机服务和软件业，以及批发和零售业三大行业为依托的高端服务产业集群，提升城市竞争力。在第二产业中要慎重选择先导产业，避免出现单位 GDP 能耗反增的现象。上海应发挥能源价格对于资源配置的影响作用，促进产业结构朝节能低碳方向转变，但对不同特征的产业应区别对待。

关键词：低碳经济　产业结构　SAM 乘数分析

The Improvement of Industrial Structure in Shanghai with a Low-Carbon Target：SAM Multiplier Analysis of Shanghai Energy-Economy System

Zhao Zijian，Cai Lili，Zhao Xu

Abstract：Based on an overview of current energy intensities distribution in all the industries，this article discussed the industrial planning options for the city of Shanghai as well as feasible regulatory mathods towards the high energy-intensive industries，using the Shanghai Energy-Economy SAM multiplier analysis and structural path analysis. The result showed that Shanghai should focus on

---

① 本文为赵旭教授主持的上海市科学技术协会决策咨询课题项目"上海市'十二五'能源发展政策研究"的阶段性成果。

② 赵子健，通信地址：上海市法华镇路 535 号泰安楼 405 室；邮编：200052；邮箱：zhao1984@vip. sina. com。

developing its finance industry，which leads to the formation of a low-carbon orien-
ted industrial agglomeration with commercial services，IT industry，wholesale and
retail business；to boost the city's urban core-competiticveness. Shanghai should
carefully pick the leading secondary industries to better control the growth of en-
ergy consumption. The energy price is a good leveraging tool for resources alloca-
tion and industry structure optimization. The priced SAM Multiplier analysis
pointed out that Shanghai could reduce the energy consumption and carbon emissiion
by carefully adjusting energy price. And differential pricing mechanism should be well
designed according to the certain characteristics of existing industries.

**Keywords：Low-carbon economy Industry structure SAM multiplier
analysis**

1 引言

中国经济目前已经进入工业化的加速阶段，工业呈现重化工特征，高载能
产业比重变大。大量化石能源的使用，成为大气二氧化碳浓度增加的主要原因。
由此 2009 年国务院常务会议对 2020 年单位国内生产总值（GDP）二氧化碳排
放做出了限定，各省级政府也随之设定了同样的减排目标。单位 GDP 的碳排放
相当于单位 GDP 能耗乘以单位能耗的碳排放量，而单位能耗的碳排放量减少主
要取决于技术水平，由此本文关注单位 GDP 能耗的降低。

假定煤燃烧发电的技术不变，且不实施碳捕集技术，2020 年减排 40%～
50%的目标相当于单位产值能耗量减少 40%～50%。为了匹配本文相关研究，
情景分析以 2007 年为基年。2007 年上海 GDP 总量为 12 188.85 亿元，单位
GDP 能耗量为 677 千克标准煤/万元。若上海设定 2020 年单位 GDP 能耗量比
2007 降低 40%，则上海在 2007 年以后必须确保单位 GDP 能耗量平均每年降低
3.85%。若目标设定为单位 GDP 能耗量降低 50%，则平均每年应确保降
低 5.19%。

1998～2007 年，上海 GDP 的年增速平均值为 11.7%，单位 GDP 能耗平均
每年下降 5.06%。由上文分析可以发现，只要维持这样的发展态势，国家减排
目标是可以实现的。但是，十年间单位 GDP 能耗的降低主要来源于能源效率的
提高，产业结构的优化起到了一定作用。而考虑接下来的十年，随着上海步入
后工业时代，能效提高的难度加大，降低单位 GDP 能耗必须依靠产业结构的进

一步升级。

　　要解决产业结构的优化问题，只有加速转变粗放经济发展模式，一方面抑制高载能产业盲目扩张，另一方面扶持低碳的新兴产业发展。本文根据上海分行业增加值能耗情况，结合社会核算矩阵（social accounting matrix，SAM）乘数分析方法，通过账户乘数分析来选择能够自发引起产业结构升级的低能耗先导产业，并利用价格乘数分析来探讨规制高载能产业的政策手段，引导上海地区经济低碳化转型。

2　文献综述

　　由于中国经济处于一个特殊的转型时期，自发的市场力量不能够促使产业结构合理化，政府的规划与导向不可或缺，进而产业结构成为中国产业经济研究的特有对象。已有的国内文献根据研究内容可以分为三个大类。

　　第一类研究关注经济增长与产业结构的联系。崔玉泉等[1]、刘伟和李绍荣[2]及胡晓鹏[3]的研究都通过实证方法说明产业结构与经济增长两者之间存在一种累积性的、双向循环式的作用机制。刘元春[4]及刘伟和张辉[5]的研究指出，核心技术进步和产业结构的变迁是中国经济边际增长的主要动力。黄茂兴和李军军[6]利用 1991～2007 年中国 31 个省（区、市）的面板数据进行分析，认为通过技术选择和合理的资本深化，能够促进产业结构升级，提高劳动生产率，实现经济快速增长。薛白[7]从产业结构的微观要素配置层面和宏观动态演进层面构建判别经济增长方式转变的衡量体系，并指出经济增长方式转变取决于政府诱导性结构变迁手段和市场内生性结构变迁动力间的兼容程度。

　　第二类研究关注产业结构变迁的影响因素。在科技创新与产业结构关系方面，陈国宏和邵赟[8]利用 Granger 因果关系检验法否定了我国技术引进和产业结构的因果关系。周叔莲和王伟光[9]从科技创新与产业结构优化升级相互关系的角度，论述了如何推动产业结构调整。在 FDI 和产业结构关系方面，郭克莎[10]认为外商投资工业的迅速发展使得第二产业的产出比重升幅过大。而张世贤[11]指出我国工业资本边际效率远高于第三产业，工业投资应该继续增长。黄志勇和许承明[12]通过面板数据模型发现，外商投资存量对三大产业作用的大小不同，对第三产业的正向效应大于第二产业，而对第一产业已出现负向效应。此外，王琳[13]利用灰色关联法研究了中国资本市场与产业结构之间的关联度，研究发现股票市场的融资规模与产业结构升级的关联度最高。周兵和徐爱东[14]研究了产业结构和就业结构之间的演变机制，发现由于我国各产业劳动力都剩余，劳动力转移作用机制不明显，产业结构与就业结构关系不紧密。石奇等[15]利用投入产出分析评估消费升级部门对产业结构的影响，发现消费升级可以解释 29.64% 的产业结构变化。

第三类研究关注产业结构的调整与升级。杨万里[16]研究了产业调整的动态过程、资源-产品模型与连锁效应。黄世祥和韩景春[17]把灰色关联分析融入到系统评价的层次分析之中，为产业比例关系的调整提供了一种定量分析方法。李博和胡进[18]研究了理想状态下产业结构优化的最优路径，认为我国现处在经济总量快速增长期，产业结构调整滞后。唐志鹏等[19]在投入产出分析框架下对产业结构的协调发展提出了新的测度方法，发现我国 2002 年整个产业结构的协调度不高。王劲松等[20]指出民营经济已成为推动中国经济增长和产业升级的主要动力，要放松对民营企业市场准入的限制。此外，区域产业结构的调整与升级也逐渐得到学界重视。胡向婷和张璐[21]考察了地区政府保护对地方产业结构的作用，认为政府设置贸易壁垒增加了地区间的贸易成本，会促使地区间产业结构趋同，而地方政府因地制宜的投资行为则在整体上促进了地区间产业结构的差异化。张亚斌等[22]指出一国产业结构的升级首先应在区域"圈层"经济内部实现，进而通过产业在不同地域的合理布局实现不同"圈层"经济间的协同升级。

由于 SAM 可以进行结构上的细分，区域级的 SAM 乘数研究便成为考察一个地区的产业结构的重要手段。高颖和何建武[23]的研究指出，由于社会核算矩阵的账户涵盖了社会经济体系中的各个部门，同时加入了对收入再分配的核算，因此它比较全面地刻画了社会经济各种流量间的收支关联，并对考察宏观经济提供了更加翔实的数据基础，有助于准确判断一个产业部门的地位和作用。通过构造不同的社会核算矩阵，国内不少学者进行了相应的研究。魏巍贤等[24]构建了厦门市 2002 年的社会核算矩阵，考察了各类产业在外生冲击下的产出效应与居民收入效应。朱艳鑫等[25]通过建立全国八大区域的社会核算矩阵，分析了我国不同区域的生产活动、生产要素与居民间的关系。范晓静和张欣[26]研究了产业部门和居民部门收入分配的关系，以及政府部门投入对不同居民部门收入的影响。

本文编制了上海能源—经济 SAM 表，在分析各产业能耗强度的基础上，研究相关产业的账户乘数和价格乘数，并进行结构化路径分析，这不仅在低碳产业规划与节能减排政策制定上具有重要的实践指导意义，也是产业结构研究的一个重要补充。

3 SAM 乘数理论

乘数模型是基于 SAM 自身的建模，以变量间的线性关系为基础。

3.1 SAM 账户乘数

SAM 作为某一特定年份的数据体系并不具备动态特性，不需要考虑资本投资的跨期作用；国外账户不受国内经济体系的制约，且政府账户受到政策的直接影响，故将三者都设定为外生账户，具体的结构示意图见表 1。

表 1 SAM 的结构示意表
Tab. 1 The structure of SAM

收入 \ 产出		内生账户			外生账户	合计
		生产	要素	机构		
内生账户	生产	T_{11}		T_{13}	X_1	Y_1
	要素	T_{21}			X_2	Y_2
	机构		T_{32}	T_{33}	X_3	Y_3
外生账户		L_1	L_2	L_3	R	Y_4
合计		Y_1	Y_2	Y_3	Y_4	

在 SAM 表中，用矩阵 T 来表示内部交易的矩阵，可以定义：$T = A_n y_n$，A_n 为平均消费倾向矩阵，是对应元素与所在的列的商值，y_n 为内生账户的列和，由账户平衡关系得

$$y_n = A_n y_n + x = (I - A_n)^{-1} x = M_a x$$

式中，x 是 SAM 外生账户矩阵；M_a 是 SAM 乘数矩阵，即账户乘数，它反映了 SAM 账户间的直接影响和间接影响之和，是账户的总净效应。

SAM 乘数进一步可分解为如下四个组成部分之和：初始的注入 I，转移乘数效应的净贡献 T，开环或交叉乘数效应的净贡献 O，以及循环或闭环乘数效应的净贡献 C，即

$$M_a = I + (M_{a1} - I) + (M_{a2} - I) M_{a1} + (M_{a3} - I) M_{a2} M_{a1} = I + T + O + C$$

式中，M_{a1} 是转移净效应；M_{a2} 是乘数过程中的交叉效应；M_{a3} 刻画了外部的注入所引致的整体循环效应。

3.2 SAM 价格乘数

价格分析的假设是价格不随产业部门的产出水平变化，而仅与成本密切相关。令 SAM 的内生账户的价格指数向量为 $p = (p_1, p_2, p_3)$，并将外生成本的向量定义为 $v = \overline{p_4} A_{(4)}$，其中 $A_{(4)}$ 为对应于 L_1、L_2、L_3 的平均支出倾向矩

阵，则

$$p = pA + v = v (I-A)^{-1} = v M$$

式中，M 为价格乘数矩阵，等于 M_a 的转置，并同样可分解为转移矩阵、开环矩阵和闭环矩阵。

3.3 基于 SAM 的结构化路径分析

通过以上的乘数分解，决策者可以了解各种效应的大小。而进一步的结构化路径分析揭示了作用于特定部门的外部注入沿着怎样的路径最终传递到各个终点，有助于决策者找出产业关联的路径或者政策传导的轨迹，提高经济建设的效率。

账户 i 收到外生注入的冲击或扰动，经过路径 s 最终作用于账户 j 的影响可以进一步定量地划分为直接影响、完全影响和总体影响。直接影响就是账户 i 的注入变动 1 个单位经过路径 s 对账户 j 收入的影响，数值上等于构成该路径节点各个元素 $a_{jx} \cdots a_{yi}$ 的乘积，即 $I^D_{(i \to j)} = a_{jx} \cdots a_{yi}$。对于一条以 i 为始点、j 为终点的基础路径 $p = (i, \cdots, j)$，完全影响就是该路径的直接影响与基于该路径上结点的回路所产生的所有间接影响之和，数值表示为 $I^T_{(i \to j)} = I^D_{(i \to j)p} M_p$，$M_p$ 为路径乘数。总体影响涵盖了从始点到终点之间所有路径，数值上等于矩阵 M_a 中第 j 行、第 i 列元素的值，即 $I^G_{(i \to j)} = m_{aji}$。

4 低碳经济目标下的上海产业结构优化政策分析

4.1 数据说明及处理方法

本文相关能源数据来自《上海工业能源交通统计年鉴 2008》和《中国能源统计年鉴 2008》。上海经济-能源 SAM 表的数据源于《2007 年上海市投入产出表》、《上海统计年鉴 2009》、《上海金融年鉴 2008》、《上海财政税务年鉴 2008》及《中国财政年鉴 2008》。个别无法直接从相关年鉴上找到的数据，则根据社会核算矩阵的一般编制方法，采用行余值或者列余值的方法推算得出。

4.2 行业能耗概况

对一个产业的能源消耗进行衡量的最确切指标是完全能耗，即在直接能耗的基础上，通过投入产出乘数获得生产全环节的能源消耗量。SAM 乘数分析可以起到同样的作用。由此，本文遵循这样一个思路：立足于行业的直接能耗，利用 SAM 乘数探讨所带动关联产业，从产业链的主要环节，即产业部门能耗情况综合分析来探讨产业布局,希望优先发展若干低碳先导产业,通过低碳产业集群效益的显现,来发展低碳经济。通过计算,可以发现上海各个行业直接能耗差距悬殊,表 2 显示了直接能耗最高和最低的十个部门。

表 2　上海行业直接能耗概况

Tab. 2　The direct energy intensity of industry in Shanghai

（单位：千克标准煤/万元）

高能耗 前十个部门名称	单位增加值 能耗量	低能耗 前十个部门名称	单位增加值 能耗量
石油及核燃料加工业	21 317	金融业	24
炼焦业	7 411	住宿和餐饮业	28
燃气生产和供应业	4 787	信息传输、计算机服务和软件业	30
金属冶炼及压延加工业	3 667	教育	45
水的生产和供应业	2 935	租赁和商务服务业	48
交通运输及仓储业	2 715	综合技术服务业	51
非金属矿物制品业	1 411	公共管理和社会组织	96
电力、热力的生产和供应业	1 304	居民服务和其他服务业	103
化学工业	1 272	研究与试验发展业	109
废品废料	755	仪器仪表及文化办公用机械制造业	118

注：石油及核燃料加工业、炼焦业的单位增加能耗量与其他行业差距巨大主要是因为统计中无法分离作为原材料的能源和作为燃料的能源,所以数据存在一定高估。

4.3　先导产业发展对经济的影响分析——基于 SAM 的账户乘数和结构化路径分析

上海能源–经济 SAM 表共有 50 个部门。其中 46 个内生账户,即 41 个生产部门,2 个要素部门,3 个机构部门;外生账户是政府、资本账户、国内其他地区、世界其他地区。本文从两个维度进行考量来选取先导产业,一是产业影响力,包括产业规模、发展潜力和产业关联度;二是产业能耗,不仅是直接能耗低,重要关联产业能耗也较低。通过对上海能源—经济 SAM 进行账户乘数分析,发现支柱性服务业部门以及部分先进制造业符合上述两大维度标准,相关结果见表 3、表 4。

表 3　部分产业账户乘数情况及其分解

Tab. 3　The multipliers and decomposition of certain industries

注入作用的始端 （注入 100）	受影响的终端	账户乘数	转移效应	开环效应	闭环效应
金融业	金融业	21.08	17.84	0	3.24
	租赁和商务服务业	19.26	16.02	0	3.24
	信息传输、计算机服务和软件业	17.67	15.39	0	2.28
	企业	55.72	0	48.51	7.20
	城镇居民	39.53	0	32.72	6.81

注入作用的始端 (注入 100)	受影响的终端	账户乘数	转移效应	开环效应	闭环效应
租赁和商务服务业	租赁和商务服务业	25.69	23.08	0	2.61
	城镇居民	31.48	0	26.00	5.48
	信息传输、计算机服务和软件业	21.64	19.80	0	1.84
	金融业	8.08	5.47	0	2.61
信息传输、计算机服务和软件业	租赁和商务服务业	9.97	8.42	0	1.55
	信息传输、计算机服务和软件业	9.02	7.92	0	1.09
	通信设备、计算机及其他电子设备制造业	6.79	5.48	0	1.31
批发和零售业	金融业	12.90	10.37	0	2.54
	批发和零售业	9.25	7.07	0	2.19
	信息传输、计算机服务和软件业	7.32	5.54	0	1.79
通信设备、计算机及其他电子设备制造业	通信设备、计算机及其他电子设备制造业	54.71	53.90	0	0.81
	化学工业	11.20	10.00	0	1.20
	金属冶炼及压延加工业	7.65	7.27	0	0.37
交通运输设备制造业	金属冶炼及压延加工业	17.64	17.12	0	0.52
	交通运输设备制造业	13.34	12.76	0	0.58
	化学工业	11.88	10.20	0	1.68
通用、专用设备制造业	金属冶炼及压延加工业	29.63	29.10	0	0.53
	通用、专用设备制造业	16.23	15.94	0	0.29
	化学工业	7.52	5.82	0	1.70
仪器仪表及文化办公用机械制造业	通信设备、计算机及其他电子设备制造业	19.54	18.27	0	1.27
	仪器仪表及文化办公用机械制造业	18.68	18.27	0	0.41
	化学工业	13.58	11.69	0	1.89

表 4 重要部门账户乘数的路径分解

Tab. 4 The structural path analyses of key sectors

路径	总体影响	完全影响	所占比例/%
金属制品业←金属冶炼及压延加工业	0.0091	0.0017	19.3
通用、专用设备制造业←金属冶炼及压延加工业	0.0105	0.0016	15.5
租赁和商务服务业←信息传输、计算机服务和软件业	0.0997	0.0123	12.3
研究与试验发展业←信息传输、计算机服务和软件业	0.0055	0.0007	12.0

根据上海经济-能源 SAM 账户乘数,第三产业的能耗普遍较低,而且产业内部关联性较强,因此,加强上海服务业的经济主导地位是发展低碳经济的有效途径。

金融业是上海发展低碳经济的核心部门。首先,金融业具有良好的经济带动效应。在本部门增加投资 100 单位的情况下,带动自身部门增收 21 单位,租赁和商务服务业增收 19 单位,信息传输、计算机服务和软件业增收 18 单位。其次,金融业具有显著的低碳效应。金融业的单位增加值直接能耗是最低的,为 24 千克标准煤/万元,主要关联部门的直接能耗也较低。再次,金融业具有可观的富民效应。在上述外生冲击下,企业、城镇居民、农村居民分别增收约 56、40、15 单位。最后,金融业的发展有利于产业结构的优化,转变增长模式。随着金融市场的逐步完善,资金的配置效率会得到提高,从而促进其他生产要素配置的优化,加速落后低效率产业的淘汰过程。

金融业的崛起,会带动租赁和商务服务业,信息传输、计算机服务和软件业,以及批发和零售业的快速发展,这些产业都具有良好的低碳特征,由此形成以金融为核心的低碳先导产业集群。租赁和商务服务业作为生产性服务业,依附于制造业企业而存在,是第二、第三产业加速融合的关键环节。信息传输、计算机服务和软件业作为基础性产业,具有很大的外部性。批发零售业在一个国家和地区经济发展中的地位和作用已越来越明显,是启动市场、满足消费、促进生产的助推器,对上下游产业的整合和引导有着重要作用。从账户乘数分析中可知,这四个部门的产业关联程度是最明显的,金融初始注入效应最大。可以说,上海应该培育以金融为核心,以上述三大行业为依托的服务业创新体系,由此形成符合低碳特征的产业结构。

对于第二产业的低碳转型,先导产业的选择必须谨慎。某些产业自身的能耗不大,但是主要关联产业是高载能产业,尤其是金属冶炼及压延加工业等产业,最终会导致低能耗的目标并不能达到。以通用、专用设备制造业扩张为例,该部门在 2007 年产出规模扩张 10%,可使经济总量增长 1.17%,但是在能源消耗总量上增加了 1.91%,高于经济总量的增长,从而使得单位 GDP 能耗变高。通过 SAM 账户乘数的研究可以发现,通信设备、计算机及其他电子设备制造业,交通运输设备制造业,以及仪器仪表及文化办公用机械制造业这三大先进制造产业是较为合适的先导产业。

通信设备、计算机及其他电子设备制造业是目前上海集群发展的表率。2007 年部门增加值占上海 GDP 的 5%,而且该部门的自身账户乘数高达 54.7%,对该部门投资的直接作用显著。目前该部门的发展主要依靠技术引进,企业自主创新能力薄弱,需要关注对于技术的投资。交通运输设备制造业在产值上位居上海第五大产业,该部门自身的账户乘数不大,对高载能的金属冶炼及压延工业和化学工业具有中等的带动效用。在交通运输设备的研发上,不仅要注意提高能效,更应关注使用新能源技术。仪器仪表及文化办公用机械制造业是上海重点发展的行业之一,该部门的扩张对其他部门的影响以转移效应为主，带动作用直接，并在智能电网推广中具有重要意义。

上海已经步入后工业化时期，通过大力发展高端服务业来形成城市的核心竞争力具有现实可行性，而在全国的工业布局中，应该重点考虑少数高技术高附加值的先进制造业，并通过专业化分工和技术扩散实现部分产业转移，推动区域经济间的协同升级。

4.4 高载能产业规制政策对经济系统的影响分析——基于SAM价格乘数和结构化路径分析

对于高载能产业采取的节能减排规制政策可以分为两大类，一类是基于市场的价格政策，比如对化石能源征收碳税等措施。能源价格的提升不仅能抑制高载能产业的盲目发展，更能促进产业结构朝节能低碳的方向进行变迁。另一类是基于行政命令的手段，比如对单位能耗进行强制规定。这会迫使企业通过购置节能设备、开发节能技术或进行拟定中的节能减排指标交易等手段来实现，最终使得企业成本增加，进而提高产品价格。流通品价格的增加，有引起通货膨胀的可能，甚至会对居民的生活造成较大影响，这也是国家对部分民生部门调价慎之又慎的原因所在。

由于化学工业、金属冶炼及压延加工业和交通运输及仓储业在上海经济中占有相当比重，并且通过SAM价格乘数计算发现其价格效应较为显著，本文因而将这三个产业与能源产业一起进行论述，相关研究结果见表5。此外，表6显示了一些有关民生的主要价格传导路径。

表5 部分产业价格乘数情况及其分解
Tab. 5 The price multipliers and decomposition of certain industries

成本提高的部门 （注入100）	受影响的终端	价格乘数	转移效应	开环效应	闭环效应
化学工业	卫生、社会保障和社会福利业	54.9	50.7	0.0	4.2
	化学工业	52.4	50.5	0.0	1.9
	综合技术服务业	41.4	37.1	0.0	4.3
	水的生产和供应业	35.7	31.9	0.0	3.8
	居民服务和其他服务业	19.3	15.2	0.0	4.1
金属冶炼及压延加工业	金属制品业	41.2	40.6	0.0	0.6
	建筑业	35.9	35.2	0.0	0.7
	通用、专用设备制造业	29.6	29.1	0.0	0.5
	电气机械及器材制造业	21.1	20.6	0.0	0.5
	金属冶炼及压延加工业	21.0	20.7	0.0	0.2
交通运输及仓储业	交通运输及仓储业	27.3	25.8	0.0	1.4
	邮政业	26.9	24.1	0.0	2.8

续表

成本提高的部门 （注入 100）	受影响的终端	价格乘数	转移效应	开环效应	闭环效应
电力、热力的生产 和供应业	水的生产和供应业	31.9	30.1	0.0	1.8
	电力、热力的生产和供应业	14.4	13.7	0.0	0.7
	水利、环境和公共设施管理业	9.6	7.9	0.0	1.7
石油及核燃料加 工业	交通运输及仓储业	17.0	16.2	0.0	0.8
	邮政业	7.1	5.5	0.0	1.6
	燃气生产和供应业	6.4	6.1	0.0	0.4
	化学工业	6.1	5.4	0.0	0.6
燃气生产和供应业	燃气生产和供应业	11.7	11.5	0.0	0.1
	住宿和餐饮业	2.5	2.2	0.0	0.4

表 6　重要部门价格乘数的路径分解
Tab. 6　The structural path analyses of key sectors

路径	总体影响	完全影响	所占比例/%
城镇←水的生产和供应业	0.003 7	0.000 8	22.5
城镇←邮政业	0.002 0	0.000 4	22.0
城镇←居民服务和其他服务业	0.052 2	0.016 4	31.5
城镇←教育	0.034 7	0.012 4	35.8
城镇←卫生、社会保障和社会福利业	0.042 9	0.014 1	33.0

　　上海是我国化学工业的发祥地，2007 年化学工业部门的增加值占上海经济总量的 6.42%，仅次于金融业和批发零售业。化学工业是高载能产业，对卫生、社会保障和社会福利业、综合技术服务业，以及水的生产和供应业有着较大的价格传导作用，因而对民生有较大影响。然而，化学工业是一个广泛的产业，各细分行业能耗差别较大，上海能耗较少的精细化工比率偏低，在这方面有发展潜力。

　　金属冶炼及压延加工业在能耗方面位居第四位，2007 年部门增加值占经济总体的 4.07%。在价格传导效应方面，联系密切的有金属制品业、建筑业，以及通用专用设备制造业等，均不会对民生造成很大影响，价格机制具有一定的实施空间。

　　交通运输及仓储业与上海建设物流中心紧密相关，2007 年其部门增加值占上海 GDP 的 5.52%，但其单位增加值能耗量很高。该部门在吸纳就业人口方面具有重要的地位，2007 年从业人口所占比例为 5.47%。由于交通运输及仓储业在上海经济中的基础地位，使得其价格传导效应较为显著，尤其是在本部门和邮政业部门的产品与服务上。

　　本文还对一些关键的能源部门进行了价格乘数研究，这对探讨上海能源价格改革有着非常重要的现实意义。电力、热力的生产和供应部门属于高载能部门，对水生产和供应部门价格推动效应明显，这表明上海水的生产和供应过程中电力热力的投入很大。从结构化路径分析结果来看，水生产和供应部门价格对于城镇居民生活成本的关联作用很直接。石油及核燃料加工业的单位增加值能耗量达到 21 317 千克标准煤/万元，为 2007 年上海单位 GDP 能耗量的 31.5 倍。由于统计数据的缺乏，不能区分出作为加工原材料的原油部分，因此这里该部门的能耗量的计算是高估的。交通运输及仓储业是受该部门成本波动影响最大的部门，可见较高的油价对于发展物流产业是有一定影响的。而燃气生产和供应业的价格乘数并不明显，这也与很少有部门将燃气作为能源来源相关。

从价格乘数的分析结果看，第一，化学工业、金属冶炼及压延加工业等高载能部门的成本变动对经济体的价格影响较大。而这些高载能企业节能的成本往往具有较大的不可预测性，对这些产业进行强制性的低能耗规定，可能引起成本上涨幅度过大，进而形成严重的成本推动型通胀，对经济社会造成较大负面作用。第二，电力热力生产供应业、石油及核燃料加工业、燃气生产供应业这三个重要的能源部门对多数产业的价格乘数较小，预示着外生冲击造成价格上涨影响相对温和，即上海能源价格存在一定上涨空间。因此，规制政策应适合考虑利用碳税等价格措施，并建议对部分高载能和民生部门进行区别性对待，确保各产业的正常有序运行。

5 政策建议

基于上文的分析，可得出如下政策建议。

第一，通过优先发展以金融业为核心，以租赁和商务服务业，信息传输、计算机服务和软件业，以及批发和零售业三大行业为依托的高端服务产业集群，成为上海未来低碳经济模式的主体。

第二，重点发展通信设备、计算机及其他电子设备制造业、交通运输设备制造业以及仪器仪表及文化办公用机械制造业这三大先进制造业，形成符合上海自身特点的低碳工业体系。

第三，发挥上海能源价格对于资源配置的影响作用，促进产业结构朝节能低碳进行变迁。但在价格手段的实施幅度上，建议对不同特征的部门进行区别对待，避免对经济社会造成较大影响。

参 考 文 献

[1] 崔玉泉，王儒智，孙建安．产业结构变动对经济增长的影响．中国管理科学，2000，8（3）：53～56

[2] 刘伟，李绍荣．产业结构与经济增长．中国工业经济，2002，5：14～21

[3] 胡晓鹏．中国经济增长与产业结构变动的联动效应探析．产业经济研究，2003，6：33～40

[4] 刘元春．经济制度变革还是产业结构升级——论中国经济增长的核心源泉及其未来改革重心．中国工业经济，2003，9：5～13

[5] 刘伟，张辉．中国经济增长中的产业结构变迁和技术进步．经济研究，2008，11：4～15

[6] 黄茂兴，李军军．技术选择、产业结构升级与经济增长．经济研究，2009，7：143～151

[7] 薛白．基于产业结构优化的经济增长方式转变——作用机理以及测度．管理科学，2009，22（5）：112～120

[8] 陈国宏，邵赟．我国技术引进与产业结构关系的实证研究．中国软科学，2001，2：42～46

[9] 周叔莲，王伟光．科技创新与产业结构优化升级．管理世界，2001，5：70～89

[10] 郭克莎．外商直接投资对我国产业结构的影响研究．管理世界，2000，2：34～45

[11] 张世贤．工业投资效率与产业结构变动的实证研究——兼与郭克莎博士商榷．管理世界，2000，5：79～115

[12] 黄志勇，许承明．FDI 对上海产业结构影响的实证分析——基于面板数据模型的研究．产业经济研究，2008，4：60～65

[13] 王琳．中国资本市场与产业结构升级的灰色关联分析．软科学，2008，11：39～42

[14] 周兵，徐爱东．产业结构与就业结构之间的机制构建——基于中国产业结构与就业结构之间关系的实证．软科学，2008，22（7）：84～87

[15] 石奇，尹敬东，吕磷．消费升级对中国产业结构的影响．产业经济研究，2009，6：7～12

[16] 杨万里．产业结构战略性调整的数量经济分析．数量经济技术经济研究，2001，18（6）：65～68

[17] 黄世祥，韩景春．灰色关联层次分析在产业结构调整中的应用．数量经济技术经济研究，2001，18（4）：107～110

[18] 李博，胡进．中国产业结构优化升级的测度和比较分析．管理科学，2008，2：86～93

[19] 唐志鹏，刘卫东，刘红光．投入产出分析框架下的产业结构协调发展测度．中国软科学，2010，3：103～110

[20] 王劲松，史晋川，李应春．中国民营经济的产业结构演进——兼论民营经济与国有经济、外资经济的竞争关系．管理世界，2005，10：82～93

[21] 胡向婷，张璐．地方保护主义对地区产业结构的影响——理论与实证分析．经济研究，2005，2：102～112

[22] 张亚斌，黄吉林，曾铮．城市群、圈层经济与产业结构升级——基于经济地理学理论视角的分析．中国工业经济，2006，12：45～52

[23] 高颖，何建武．从投入产出乘数到 SAM 乘数的扩张．统计研究，2005，12：49～52

[24] 魏巍贤，曾建武，原鹏飞．基于社会核算矩阵的厦门市产出与居民收入乘数分析．统计

　　研究，2008，2：88～92

[25] 朱艳鑫，薛俊波，王铮．我国分区域社会核算矩阵的乘数分析．管理评论，2009，21
　　　(8)：66～73

[26] 范晓静，张欣．基于社会核算矩阵乘数的中国产业、居民相对收入分析．统计研究，
　　　2010，6：63～70

中国 CDM 项目注册面临的额外性问题及对策建议

□ 庄贵阳[1][①][②]　谭　芳[2]　王丽莎[2]

（1 中国社会科学院城市发展与环境研究所；2 益可爱尔环境咨询（北京）有限公司）

摘要： CDM 项目的额外性问题是 CDM 方法学的一个核心问题，涉及发达国家和发展中国家进行 CDM 项目减排额转让交易时的全球环境效益完整性。随着中国提交申请注册的 CDM 项目越来越多，项目被要求审查的比例也逐渐增大，首当其冲是额外性问题。本文总结分析了 CDM 项目额外性问题产生的原因，对中国可再生能源发电及余热废气发电类 CDM 项目的注册情况，以及 EB 对所有申请注册项目的审查意见进行了统计，重点分析了其中的额外性问题，并提出了相应的对策建议。

关键词： 清洁发展机制　额外性　审查　修正

Analysis on China's CDM Projects Registration：Additionality Issues and Countermeasures

Zhuang Guiyang，Tan Fang，Wang Lisha

Abstract： A proper demonstration of additionality is a key element to CDM project registration process ensuring the environmental integrity when transfer-

---

① 本文得到国家"十一五"科技支撑项目（课题编号：2007BAC03A04）的资助。感谢在丹麦 UNEP Risoe Centre 工作的朱仙丽博士对本文提出的中肯修改建议。

② 庄贵阳，通信地址：北京市建国门内大街 5 号，中国社会科学院城市发展与环境研究所；邮编：100732；电话：010－65257396；邮箱：zhuang_gy@yahoo.com.cn。

ring certified emission reductions (CERs) from CDM projects between developed and developing countries. With more and more CDM projects submitted by China for registration at EB, there have been a growing number of reviews called for by the EB to safeguard the quality of emission reduction, mainly on additionalilty issues. This article firstly summarized reasons why additionality issues of CDM projects occurred, then carried out a statistical analysis on China's CDM registration and all review questions by EB to all China's CDM projects, including renewable energy power generation and exhaust heat power generation CDM projects, paid particular attention to additionality issues, and finally gave out the corresponding policy suggestions.

Keywords：CDM　Additionality　Review　Correction

1　问题的提出

利用市场机制减少温室气体排放是《京都议定书》的一个伟大创举。根据《联合国气候变化框架公约》"共同但有区别的责任"原则，《京都议定书》在为附件 1 缔约方（发达国家和经济转型国家）规定了在第一承诺期（2008～2012年）具有法律约束力的减排义务的同时，也引入了三个灵活机制，即联合履行（joint implementation，JI）、排放贸易（emission trading，ET）和清洁发展机制（clean development mechanism，CDM）。其中，CDM 是《京都议定书》框架下唯一一个由发达国家和发展中国家共同实施的机制，它具有双重目标：一是帮助发展中国家实现可持续发展，并对实现《公约》的最终目标做出贡献；二是帮助发达国家以"成本有效"的方式实现其在《京都议定书》下的定量减排义务。

自 2004 年 11 月 18 日全球第一个 CDM 项目注册成功至今，全球 CDM 市场从孕育逐步走向成熟，并在快速发展。这标志着 CDM 作为一种有效联合发达国家与发展中国家共同应对气候变化的灵活市场机制得到广泛认可。然而，作为一种市场机制，CDM 项目在其蓬勃发展的过程中也受到越来越多的质疑[1]，集中表现为项目在地理分布上的不均衡、对东道国的可持续发展效益有限以及额外性不足等方面。这些质疑和批评，不仅有来自学术刊物的论文，也有来自报纸的评论。

关于 CDM 项目在地理分布不均衡方面，早在 1999 年，受亚洲开发银行的委托，Zhang 就根据 35 个工业化国家的国家信息通报率先从供需角度对《京都议定书》灵活机制的市场规模及其分布进行了综合研究，结论认为中国将成为世界第一 CDM 项目东道国，预计到 2010 年，中国的核证减排量（CERs）供给将占全球的 60% [2]。研究结果发布以后，一些人就戏称清洁发展机制为"中国发展机制"（China Development Mechanism）。事实上，当前 CDM 市场的发展也证实了当时的预测。由于中国在 CDM 项目开发数量、预期年度减排量等方面都处于世界领先地位，非洲国家开发的 CDM 项目开发数量不到总量的 2%，因此国际社会不仅仅把 CDM 戏称为"中国发展机制"，也更多地对 CDM 规则产生了质疑。

作为一种基于项目的市场机制，市场参与方在开发 CDM 项目时，把目标更多地集中在投资成本低、减排量大、能够带来更多市场收益的项目上，如化工类 CDM 项目，这使得 CDM 在促进发展中国家可持续发展方面发挥的作用受到一定制约。以 HFC - 23（三氟甲烷）减排项目为例，截至 2009 年 2 月中旬，这类项目只占项目注册数的 4%，但产生的 CERs（经核证的减排量）却占总减排量的 76%。早期对 CDM 的批评，就在于其没能促进发展中国家的可持续发展。

在后京都国际气候谈判进行之际，CDM 项目的额外性问题之所以被格外关注，在很大程度上也是因为它关系到 CDM 规则如何改革，并在后京都时代如何发挥作用的问题。CDM 项目减排效益的额外性问题是 CDM 方法学的一个核心问题，涉及发达国家和发展中国家进行 CDM 项目减排额转让交易时的全球环境效益完整性。额外性含义是指 CDM 项目活动所产生的减排量相对于基准线是额外的，即这种项目活动在没有外来的 CDM 支持下，存在诸如财务、技术、融资、风险和人才方面的竞争劣势和/或障碍因素，靠国内条件难以实现，因而该项目的减排量在没有 CDM 时就难以产生。反之，如果某项目活动在没有 CDM 的情况下能够正常商业运行，它自己就成为基准线的组成部分，那么相对该基准线就无减排量可言，也无减排量的额外性可言。所以，额外性和基准线是 CDM 项目合格性问题的两个互为依存的属性 [3]。

由于对 CDM 项目额外性的判断主观性过强，所以国外很多舆论对 CDM 项目的额外性提出质疑。当前时常听到的对 CDM 项目额外性的严肃批评指的就是"很多已经注册的 CDM 项目没有额外性"，也有媒体举例指出很多项目在申请 CDM 时就早已完成了项目建设①。Partridge 和 Gamkhar 研究指出，中国和印度的许多小水电项目具有负的边际减排成本，因此没有额外性；在正常时期（如金融危机发生前），很多项目的边际减排成本小于 CER 的价格，因而是不合理

---

① The big chill on carbon offsets, The Christian Science Monitor (Editorial)，May 29，2008.

的[4]。Yong 利用 ΔIRR(一个项目有无 CDM 收益的内部收益率之差)作为衡量额外性的程度,并根据 222 个已经注册的 CDM 项目样本研究发现,不同的项目类型具有不同程度的额外性,垃圾填埋气候沼气项目的额外性比风电和水电项目高。另外,研究还发现 26% 的项目的 ΔIRR 小于 2%,表明 CDM 项目的收益对项目的经济可行性贡献很小。因此,难以断定这些项目在缺乏碳融资下不能发生[5]。美国斯坦福大学的一篇工作论文认为,1/3~2/3 的 CDM 项目没有产生真正的减排量。论文还指出,虽然中国的政策支持可再生能源产业发展,但在未来 4 年里,几乎每个将要建设的水电、风电和天然气发电项目都在申请成为 CDM 项目[6,7]。

由于国际社会要求对 CDM 规则进行改革的呼声很高,所以 CDM 项目审核理事会(executive board,EB)对 CDM 项目注册的审查越来越严格。根据公约秘书处的统计,2007 年 3 月底以前,全球直接在 EB 注册的项目比例占 82%,被审查之后再注册的项目占 14%;而从 2007 年 4 月至 2008 年年底,直接在 EB 注册的项目比例降到 41%,被审查后再注册的项目比例增加到 49%[8]。由于中国已是全球最大的温室气体排放国,但没有承诺控制温室气体限排的义务,因而国际社会对中国的减排行动关注较多,CDM 项目审核理事会对中国提交注册的 CDM 项目设计文件(project design doeuments,PDD)审查更为严格,审查的项目比例也越来越高。为了推动中国 CDM 项目的健康发展,促进节能减排和发展低碳经济,规避 CDM 项目开发的风险,有必要总结分析中国 CDM 项目注册面临的额外性问题,并给出相应的对策与建议。

与中国作为全球 CDM 项目减排量最大供给方的地位不相称的是,国内关于 CDM 项目额外性,尤其是针对中国 CDM 项目注册过程中面临的额外性问题进行系统分析的文献尚未见到。已有的文献更多的是介绍 CDM 项目开发的国际规则,或结合某一具体案例进行相关分析。段茂盛和刘德顺在国内最早就清洁发展机制实施中的关键问题之一——额外性问题进行了细致的探讨,分析了额外性的基本含义、不同国家在这个问题上的观点、各种不同判断准则的合理性和可操作性等[9]。武曙红等在文献调研的基础上,对 CDM 林业项目,特别是造林或再造林项目的额外性的基本含义、类型、评价方法及其合理性和可操作性进行了分析[10]。孙锦华在对国内第一家畜牧行业的 CDM 项目(甲烷回收项目)公司——山东民和牧业股份有限公司进行调研的基础上,对甲烷回收项目进行研究,寻找项目的基准线,论证项目的额外性,并且简要介绍了减排量的计算过程以及项目的数据收集与监测计划[11]。陈雯和牟瑞芳针对造林/再造林 CDM 项目 PDD 编写流程中涉及的最重要环节(基线、额外性、泄漏)进行阐述,并试着提出相应的解决方法予以探讨[12]。李亚春等结合江苏国电泰州超超临界发电工程 CDM 项目开发的实践，论述了超超临界发电工程 CDM 项目识别的要求，论证了项目设计中基准线方法学的应用、减排量的计算及额外性问题[13]。孙欣详细论述了"淮南潘三矿煤层气利用清洁发展机制项目"，并对煤层气 CDM 项目开发的关键部分——项目设计文件进行了深入分析和研究，为其他煤层气清洁发展机制项目的开发提供了有价值的参考[14]。马智杰和 Weinberg 以四板沟水电站为例，按照联合国清洁发展机制的要求对其可行性进行了研究[15]。

2 中国 CDM 项目注册面临的额外性挑战

自从 2005 年 2 月 16 日《京都议定书》正式生效以及 2005 年 1 月 1 日欧盟温室气体排放贸易机制（EU Emission Trading Scheme，EU ETS）正式启动以来，伴随着全球碳市场如火如荼的发展态势，中国 CDM 项目开发经历一个"起跑反应较慢，中途全速追赶，现已全面领先"的过程。自 2005 年 6 月中国第一个 CDM 项目成功注册至 2009 年，在不足 5 年的时间内中国 CDM 市场迅速发展壮大，注册成功项目数由 2005 年的 3 个和 2006 年的 36 个，激增至 2007 年的 150 个和 2008 年的 368 个。截至 2009 年 3 月 13 日，中国注册成功的 CDM 项目数、项目产生的预期年减排量和获 CDM 执行理事会（EB）签发的核证减排量均居世界第一，中国 CDM 项目开发已全面处于世界领先地位。

虽然中国 CDM 项目开发蓬勃发展，但项目开发的风险却在加大，尤其是项目注册过程中所面临的额外性挑战。从 2004 年 11 月 11 日中国第一个项目（北京安定填埋场填埋气收集利用项目）挂网公示到 2008 年 12 月 31 日浙江国华宁海超超临界发电项目公示，中国在《联合国气候变化框架公约》（United Nations Framework on Climate Change Convention，UNFCCC）网站挂网公示①的 CDM 项目共有 1979 个，其中已提请注册、尚未正式注册的项目有 41 个②，已经注册成功的项目有 371 个，成功注册的项目只占挂网公示项目的近 19%。在中国提交各类申请注册项目中，风电和水电项目之和分别占提交申请注册项目数（1979 个）和已经成功注册项目数（371 个）的 62.7% 和 66.6%，可见风电、水电项目注册的成功与否是影响中国 CDM 项目总体注册情况好坏的关键。下面

---

① 所有提请注册的 CDM 项目都有 1~2 个月的挂网公示期。

② CDM 项目在提交注册申请以后，大型项目经过 8 周时间（小型项目是 4 周），如果没有相关一方当事人或 3 个 EB 成员提出异议，则项目自动注册。因此，无论是否进入审议程序，从申请注册到正式注册，中间都有一段时间。

针对风电、水电（分为大水电和小水电）、生物质发电、垃圾填埋气发电、天然气发电、以及余热废气利用项目六种类型 CDM 项目的注册情况以及额外性质疑进行统计分析。

2.1 风力发电 CDM 项目注册情况

2006 年 6 月 26 日，中国第一个风电项目（辉腾锡勒风电项目）注册成功，2006 年 8 月 8 日第一个风电项目（广东南澳华能 45.05MW 风电项目）被 CDM 执行理事会（EB）要求审查①。表 1 显示，截至 2008 年 12 月 31 日，中国共有 105 个风电项目提交 EB 申请注册，其中 100 个已成功注册。在这 100 个已注册项目中，有 22 个项目是在被初审审查后，经修改项目设计文件、提交新证据以及澄清相关问题后而通过注册的，另外还有 5 个项目在被要求审查、修改后正等待 EB 会议的通过。从表 1 可以看出，中国风电项目被审查的比例为 25.7%。在这些被要求审查的项目中，总计被质疑 64 次，其中关于额外性方面的质疑为 45 次，占 70%。但可喜的是，截至统计时间，中国的风电项目还没有出现被 EB 拒绝的项目，说明风电项目的注册率相对较高。

表 1 中国风电 CDM 项目注册情况及额外性问题

Tab. 1 Overview of China's wind power CDM projects registration and additionality issues reviewed by EB

注册结果	数量/个	比例/%	被质疑次数②/次	额外性质疑次数/次
直接注册项目	78	74.3		
经初审/修改后注册的项目	22	21	64	45
在被要求审查、修改后正等待 EB 会议的通过	5	4.7		
还在等待的项目	0	0		
被拒绝的项目	0	0		
总计	105	100		

资料来源：公约秘书处网站（http://cdm.unfccc.int/index.html）；统计日期从 2004 年 11 月 11 日到 2008 年 12 月 31 日

---

① 在项目挂网公示期，如果 3 个 EB 专家或相关一方当事人对项目提出问题，需要项目参与方解决。这时分两种情况：如果只是简单的计算错误等，只要项目参与方按照 EB 专家的要求进行修改 PDD 就可以了。这一过程叫做修正（correction）。如果问题复杂，项目要经过初审（review）。这时项目参与方要在两周内把 EB 提出的问题解释清楚，把结果交到 EB，EB 会在下次的 EB 会议上进行讨论。在下次 EB 会议讨论时，又分三种情况：①如果没有问题就可以注册。②如果有很小的问题，EB 会要求项目参与方再修改 PDD 和报告。只要修改正确，就可以有条件的注册，获得批准的时间看修改的情况。③如果修改不当，问题还是不小，那就要被复审（under review）。

② 每个提交注册申请 CDM 项目在初审时会受到各国 DNA 或 3 个 EB 成员的质疑，被质疑的原因很多，所以被质疑的次数比 CDM 被审查项目个数多。

2.2　小水电 CDM 项目注册情况

2005 年 12 月 18 日，中国第一个小水电项目（湖南渔仔口小水电站）注册成功，2007 年 2 月 16 日第一个小水电项目（湖南炎陵深渡水电项目）被 EB 审查。截至 2008 年 12 月 31 日，中国共有 121 个小水电项目提交 EB 申请注册，87 个已成功注册，其中 34 个项目是在被审查后经修改项目设计文件、提交新证据及澄清相关问题而通过注册的，另外 32 个被审查项目正等待 EB 会议的通过，1 个项目被拒绝。从表 2 看出，有 55％ 的中国小水电项目被审查。在被审查的 66 个项目中，被质疑总次数为 122 次，其中关于额外性方面的质疑达 91 次，占 75％。

表 2　中国小水电 CDM 项目注册情况和额外性问题
Tab. 2　Overview of China's small hydropower CDM projects registration and additionality issues reviewed by EB

注册结果	数量/个	比例/％	被质疑总次数/次	额外性质疑次数/次
直接注册项目	53	44		
被审查后注册的项目	34	28	122	91
撤销	1	0.8		
被审查、回复后等待注册项目	32	26.4		
还在公示，等待 EB 意见的项目	0	0		
被拒绝的项目	1	0.8		
总计	121	100		

资料来源：公约秘书处网站（http://cdm.unfccc.int/index.html）；统计日期从 2004 年 11 月 11 日到 2008 年 12 月 31 日

2.3　大水电 CDM 项目注册情况

2006 年 11 月 13 日，中国第一个大水电项目（甘肃张掖二龙山水电站项目）注册成功，2007 年 7 月 2 日第一个大水电项目（舟白水电站项目）被 CDM 项目执行理事会（EB）要求审查。表 3 显示，截至 2008 年 12 月 31 日，中国共有 105 个大水电项目提交 EB 申请注册，60 个已成功注册，其中 32 个项目是在被要求审查后经修改项目设计文件、提交新证据以及澄清相关问题而通过注册。另外还有 34 个被审查项目正在等待 EB 会议的通过。从表 3 看出，63％ 的中国大水电项目被审查，比例高于小水电项目。在被要求审查的 66 个项目中，被质疑总次数达 183 次，其中关于额外性方面的质疑达 155 次，占 85％。

表 3　中国大水电 CDM 项目注册情况及额外性问题

Tab. 3　Overview of China's large hydropower CDM projects

registration and additionality issues reviewed by EB

注册结果	数量/个	比例/%	被质疑总次数/次	额外性质疑次数/次
直接注册的项目	28	27		
被审查后注册的项目	32	31	183	155
被要求审查，回复后等待注册的项目	34	32		
还在等待的项目	11	10		
被拒绝的项目	0	0		
总计	105	100		

　　资料来源：公约秘书处网站（http：//cdm. unfccc. int/index. html）；统计日期从 2004 年 11 月 11 日到 2008 年 12 月 31 日

2.4　生物质发电 CDM 项目注册情况

　　2007 年 5 月 4 日，中国第一个生物质发电项目（河北晋州 24MW 秸秆发电项目）注册成功，2007 年 11 月 30 日第一个生物质发电项目（山东高唐 30MW 生物质能发电项目）被 CDM 执行理事会（EB）审查。表 4 显示，截至 2009 年 1 月 16 日，中国共有 11 个生物质发电项目提交 EB 申请注册，并且都已注册成功，其中 4 个项目被要求修改或审查后，经修改项目设计文件、提交新证据及澄清相关问题而通过注册。在被要求审查的 4 个项目中，被质疑总次数为 12 次，其中 10 次是有关额外性方面的质疑，占 83%。截至统计时间，中国尚未有生物质发电项目被 EB 拒绝，但是被审查的项目不在少数，而且近来项目被审查的频率越来越高。

表 4　中国生物质发电 CDM 项目注册情况及额外性问题

Tab. 4　Overview of China's biomass power generation CDM

projects registration and additionality issues reviewed by EB

注册结果	数量/个	比例/%	被质疑总次数/次	额外性质疑次数/次
直接注册的项目	7	64		
修改后注册的项目	1	9	12	10
被要求审查后注册的项目	3	27		
被要求修改/审查后正在等待注册的项目	0	0		
还在等待的项目	0	0		
被拒绝的项目	0	0		
总计	11	100		

　　资料来源：公约秘书处网站（http：//cdm. unfccc. int/index. html）；统计日期从 2004 年 11 月 11 日到 2009 年 1 月 16 日

2.5　垃圾填埋气发电 CDM 项目注册情况

　　2005 年 12 月 18 日，中国第一个垃圾填埋气发电项目（南京天井洼填埋气发电项目）注册成功，2007 年 5 月 4 日第一个垃圾填埋气发电项目（深圳下坪填埋气发电项目）被 CDM 执行理事会（EB）审查。表 5 显示，截至 2009 年 1 月 16 日，中国共有 16 个垃圾填埋气发电项目提交 EB 申请注册，目前已全部注册成功。其中 31％的中国垃圾填埋气 CDM 项目是在被要求审查后注册的，还没有出现被 EB 拒绝的项目。在 5 个被要求审查的项目中，被质疑总次数为 11 次，其中关于额外性方面的质疑为 5 次，占 45％。

表5　中国垃圾填埋气 CDM 项目注册情况及额外性问题
Tab. 5　Overview of China's landfill gas power generation CDM projects registration and additionality issues reviewed by EB

注册结果	数量/个	比例/%	被质疑总次数/次	额外性质疑次数/次
直接注册的项目	11	69		
被要求审查/修改后注册的项目	5	31	11	5
正按要求审查/修改的项目	0	0		
刚提交注册的项目	0	0		
被拒绝的项目	0	0		
总计	16	100		

资料来源：公约秘书处网站（http：//cdm. unfccc. int/index. html）；统计日期从 2004 年 11 月 11 日到 2009 年 1 月 16 日

2.6　天然气发电 CDM 项目注册情况

2007 年 12 月 10 日，中国第一个天然气发电项目（浙江余姚天然气发电项目）注册成功，这个项目同时也是第一个被 CDM 执行理事会（EB）审查的项目。表 6 显示，截至 2009 年 1 月 16 日，中国共有 16 个天然气发电项目提交 EB 申请注册，现有 10 个注册成功，而且只有 2 个是直接注册，另外 8 个项目被要求修改/审查后，经修改项目设计文件、提交新证据以及澄清相关问题而通过注册，此外还有 1 个项目在审查后仍需修改（correction），刚刚提交正在被要求审查/修改的项目有 5 个。从表 6 看出，87％的中国天然气发电 CDM 项目被审查。截至统计时间，虽然尚未出现被 EB 拒绝的项目，但是天然气发电项目被审查的占绝大多数。在 14 个被要求审查的项目中，被质疑总次数达 69 次，其中关于额外性方面的质疑次数为 58 次，占 84％。

表6　中国天然气发电 CDM 项目注册情况及额外性问题
Tab. 6　Overview of China's natural gas power generation CDM projects registration and additionality issues reviewed by EB

注册结果	数量/个	比例/%	被质疑总次数/次	额外性质疑次数/次
直接注册的项目	2	13		
审查/修改后注册的项目	8	50	69	58

续表

注册结果	数量/个	比例/%	被质疑总次数/次	额外性质疑次数/次
初审后仍需修改的项目	1	6		
正在被要求审查/修改的项目	5	31		
刚提交注册的项目	0	0		
被拒绝的项目	0	0		
总计	16	100		

资料来源:公约秘书处网站(http://cdm.unfccc.int/index.html);统计日期从 2004 年 11 月 11 日到 2009 年 1 月 16 日

2.7 余热废气利用 CDM 项目注册情况

2006 年 6 月 24 日,中国第一个余热废气利用 CDM 项目(泰山水泥余热利用发电项目)注册成功,2007 年 5 月 2 日第一个余热废气利用 CDM 项目(安徽海螺水泥有限公司宁国水泥厂 9100kW 余热发电项目)被 CDM 执行理事会(EB)审查。表 7 显示,截至 2009 年 1 月 16 日,中国共有 78 个余热废气利用项目提交 EB 申请注册,现有 43 个注册成功,而且其中 17 个是直接注册,另外 26 个项目被要求修改/审查后,经修改项目设计文件、提交新证据及澄清相关问题而通过注册,此外还有 20 个项目在初审后仍需修改,刚刚提交正在被要求审查/修改的项目有 8 个。从表 7 可以看出,78% 的中国余热废气利用项目被审查,7 个被 EB 拒绝,占总数的 9%,是目前为止被拒绝项目最多的一种类型。在 54 个被要求审查的项目中,被质疑总次数为 210 次,其中额外性方面的质疑次数为 193 次,占 92%。

表 7　中国余热废气利用 CDM 项目注册情况及额外性问题
Tab. 7　Overview of China's exhaust heat utilization CDM projects registration and additionality issues reviewed by EB

注册结果	数量/个	比例/%	被质疑总次数/次	额外性质疑次数/次
直接注册的项目	17	22		
被审查/修改后注册的项目	26	33	210	193
审查后仍需改正的项目	20	26		
正在被要求审查/修改的项目	8	10		
刚提交注册的项目	0	0		
被拒绝的项目	7	9		
总计	78	100		

资料来源:公约秘书处网站(http://cdm.unfccc.int/index.html);截止日期从 2004 年 11 月 11 日到 2009 年 1 月 16 日

3　中国 CDM 项目额外性论证受质疑的几个方面

从目前来看，中国 CDM 项目开发的经验日益成熟，影响 CDM 项目能否顺利注册的关键因素就是项目额外性论证，上一节的统计分析已经印证了这一点。一方面，由于国际社会的舆论压力，EB 对 CDM 项目的审核越发严格。单纯从技术层面来讲，假如在 CDM 项目设计文件（PDD）中对项目的额外性没有论证清楚，那么在提交注册后，CDM 执行理事会（EB）往往会对项目产生质疑，被要求审查。EB 对项目的质疑包括项目前期的 CDM 考虑、投资分析、障碍分析和普遍性分析等是否合理充分。由于这些审查意见体现了 EB 对项目的具体要求，对其他项目有很好的借鉴作用。因此，本文归纳总结了中国 CDM 项目注册过程中被审查项目额外性论证所反映的问题，并结合项目实际开发经验进行原因分析，以其对后续项目开发提供指导。

3.1　CDM 考虑过程

关于 CDM 是如何在项目中进行考虑的，很多项目遭到了 EB 的质疑，被质疑点主要包括以下几点：缺少 CDM 考虑证明或证明不充分，或者 CDM 决策的时间逻辑不对，或者在 PDD 中没有描述支持 CDM 考虑的所有证据，或者 PDD 中没有提供 CDM 的开发进度计划。因此，项目前期 CDM 考虑部分须详细阐述，并提供尽可能多的证据，这些证据可以包括政府性、法律性等方面的文件。此外，在项目设计文件中最好提供有关项目前期工作的时间表，如项目可研时间、批复时间、CDM 考虑时间、设备购买时间、施工合同签订时间、开工时间等。每一项都需提供相关证据，且要合情合理；若某一段时间项目没有进展，也需提供相关解释。项目进程中对 CDM 的考虑越早越好，越具体越好，最好在项目可研报告中包括 CDM 项目收益对项目的影响分析。而且在考虑 CDM 之初就尽量具体化，最好形成文字性的证据，并对相关证据要进行收集管理，作为关键材料附上。CDM 开发工作尽量与项目建设工作同时开展，若时间拖得太久就很容易被 EB 质疑。假若项目开始时间较早，又没有充分证据显示业主对 CDM 的了解和考虑的话，EB 会质疑 CDM 存在的必要性。因此，CDM 的考虑时间一定要在项目的开工和审定时间之前。从项目开始执行到项目审定期间，如果没有给出 CDM 项目是如何进展的，经常会被复审的。一个利好的消息是，国家发展和改革委员会根据 EB 会议规定颁布了一条规定，2008 年 8 月 2 日以后开工的 CDM 项目，只要在开工后 6 个月内向国家发展和改革委员会应对气候变化小组办公室进行申请备案，项目参与方就不用再向指定经营实体（designated operational entity，DOE) 提供其他的 CDM 考虑证据了。

3.2 投资分析

绝大多数 CDM 项目采用投资障碍分析方法论证项目的额外性。这种论证方法的核心是说明在没有来自 CDM 收益的情况下，项目的内部收益率（internal rate of return，IRR）低于行业基准收益率，因此项目业主不会投资；而在考虑来自 CDM 的收益以后，项目的收益率会高于行业基准收益率，因此项目业主会选择投资该项目。在采用投资基准分析方法时，EB 常常在以下方面对论证过程提出质疑：①要求 DOE 就投资分析中输入值的持续性进行进一步澄清并提供证据，以证明内部收益率计算中所有数据（参数及参数值）是合理的，而且对参数的选择和输入值要进行核对；②基准收益率的选择是否合理，数据来源是否可靠；③敏感性分析中是否选择了合适的参数及参数变化范围，以及结果的合理性；④项目寿命期选择是否合理，寿命期结束时项目残值是否合理等。在 EB 审查 CDM 项目时，投资分析中参数和参数值的合理性和有效性多次受到质疑。有些项目从设计报告阶段到正式决策建设阶段经过了很长的时间（2～3 年），这期间国家和地方可能出台了新的政策法规，物价也可能上涨，项目投入成本，以及收益都有可能变化。在如此长的时间里，可研报告中的数据是否依然可靠有效，是否能够继续作为决策的依据往往会受到质疑。有的项目由于某些原因停工再复工，其中只有复工后的投入才能作为 CDM 项目的投入，即只有投资增加部分才有额外性。此外，有些项目的行业基准率的选择不准确，或者 IRR 值的计算过程不详细，敏感性分析所选择的参数及参数变化范围不合适，或者考虑 CDM 收益后的 IRR 值低于行业基准率，那么这些项目能否得以实施会受到质疑。

3.3 障碍分析

障碍分析包括融资障碍、技术障碍、常规做法障碍等，论证过程中不能泛泛而谈，至少举出一处很有说服力的具体障碍，以及 CDM 项目是如何帮助克服该障碍的。如果 CDM 项目的 CERs 收益和技术转让不能帮助项目克服相关的障碍，则项目不是额外的。此外，障碍性分析要有针对性，否则宁可不做。额外性具有地域特点，由于燃料价格、技术发展水平或厂址选择的地区差异，同一类项目类型可能在不同地区具有不同的额外性论证结果。这时需要因地制宜，恰如其分地识别和论证为什么拟议的 CDM 项目在当地具有额外性，避免一概而论。额外性的时效性很强，因为随着技术进步和商业化进程，有些项目会逐渐失去额外性，所以开发新的 CDM 项目时，需要把握好时机，把握发展趋势，确保

CDM 项目在减排量计入期内具有充分的额外性，否则过期作废。技术障碍是指由于本项目活动所采取的新技术在性能方面有不确定性或市场份额较低。换言之，项目虽具有较低排放水平但存在技术方面的风险，市场推广有障碍。CDM 项目往往要求进口先进技术以保障 CDM 项目的减排额外性要求，但这同时需要训练有素的员工和完善的运行维护以 CDM 项目在中国具体条件下运行的可靠性和稳定性，但条件缺乏。实际上，当前在中国开展的 CDM 项目很少带来真正的技术转让，真正带来先进技术的 CDM 项目中技术额外性论证方面不存在困难。若技术障碍泛泛而谈，没有说服力，则很容易受到质疑。总之，当额外性论证略显简单时，EB 会要求对其进行更详细的阐述，进一步阐述 CDM 如何帮助克服技术障碍、投资障碍的。若项目障碍分析不足够说明项目的额外性，那么必须对可能的基准线情景进行经济比较。

3.4 普遍性分析

如果在前述的投资分析或障碍分析中论证了拟议的 CDM 项目具有额外性，就说明这类型项目在没有 CDM 的条件下在东道国难以实施，那么就要回到现实世界来观察所拟议的项目类型在东道国相关部门和地区已经推广普及到何种程度，这是一项补充性的可信度检验测试。

普遍性分析要结合项目本身的特点。首先要筛选出项目所在地区的所有类似项目，最好是来自官方、学术机构等权威机构的信息，之后一一进行论证分析，指出拟议项目与其他类似项目的不同，指出拟议项目同其他类似项目相比的障碍才能证明项目的额外性。因此，审视焦点在于是否存在任何其他与拟议的项目活动相类似的活动（已有的和在建的），所谓类似是指类似的地区、技术、规模、运行环境和融资渠道等方面。如果观察到类似的活动普遍地并正常地开展，这就有违于声称拟议的项目活动在财务上缺乏吸引力或者是面临障碍的论点。[①] 因此，就有必要用证据解释拟议的项目活动与其他类似活动之间存在本质区别，比如以前类似活动（如风电）示范项目，享受非商业性的优惠政策和激励措施（如优惠上网电价、赠款、软贷款、进口设备减免税等）而得以实施，而拟议的 CDM（如风电）项目的实施环境发生重大变化（例如，商业运行项目不享受与示范项目同等的优惠政策，进口新型机组可能出现新的技术和投资障碍

---

① 根据清洁发展机制执行理事会（EB）第三十九次会议批准的新的额外性论证工具及相应的投资分析指南，对论证工具的"普遍性实践"的要求有了很大的改变，只要求从公开可获得信息渠道去确认类似项目，而且，只分析那些已经运行了的项目。据此，在建项目、已经注册了的 CDM 项目和已经提交 DOE 核实并已经上网了的项目都可以排除。如果无法从公开渠道获得信息进行分析，项目业主也可排除这些项目做普遍性分析，但需要对不可获得信息提供说明（即为什么不可获得）。

等),导致一种拟议的 CDM 项目活动在没有 CDM 提供激励时就难以实施的处境,如果不能自圆其说,则拟议的 CDM 项目活动不具有额外性,往往受到 EB 的质疑[16]。

4 对策建议

在后京都国际气候制度构建的关键时期,有关 CDM 项目额外性的讨论不再是一个简单的技术问题,它影响着未来 CDM 规则的改革及其在后京都协议中的作用。尽管现行的 CDM 机制受到这样那样的质疑和批评,但它在推动中国节能减排和低碳发展方面的作用是毋庸置疑的,尤其是它调动了广大企业参与温室气体减排的热情。中国的 CDM 项目开发及额外性论证,都是按照 EB 认可的"游戏规则"进行的。因此,国外各种对中国已经注册项目额外性的质疑是不负责任的,但对中国后续 CDM 项目申请注册带来很大的压力。当前中国 CDM 项目申请注册过程中面临的额外性挑战,原因有两个方面:一是中国 CDM 项目设计文件中的额外性论证不够严谨;二是由于政策环境和技术经济进步,中国某些类别的 CDM 项目的额外性论证确实变得困难。例如,余热利用类型项目,随着余热废气利用越来越普遍,相应技术也越来越成熟,这些项目的额外性论证将更加困难,当然也要具体项目具体分析。

水电项目是中国 CDM 项目开发的主要类型之一,但目前面临很大障碍。第一,水电项目本身的投资收益率很高,很可能达到 8%,因而额外性论证存在困难。第二,水电项目(径流式水电项目)往往涉及下游用水和移民问题,所以环境影响评价和利益相关者的意见影响很大。西方舆论对中国大水电项目开发给予很多负面报道①,世界大坝委员会(the World Commission on Dams,WCD)也要对 20MW 以上的项目进行审核。第三,水电项目多数都是私营的(其他类型项目多为非私营),业主素质较低,在项目申报上存在问题,如手续不健全,可研报告和环评报告与实际不符等。第四,水电项目做多了,在普遍性分析方面面临困难,如南方一些省份 15MW 以上水电项目已难以做普遍性分析。

中国 CDM 项目在注册过程中所面临的各种挑战及受到的各种质疑,反映出

---

① 国际上对中国水电项目开发误解很大,认为中国水电开发带来的都是强制移民,无补贴,多为暴力的血腥场面。只要涉及移民的话,日本买家就不买,因为日本买家非常害怕 NGO。

中国 CDM 项目开发过程中存在的各种问题。除了继续加强 CDM 能力建设，提高项目设计文件编写质量之外，国家政府部门对建设项目的审批不要过多关注项目的收益率，减少额外性方面相应的限制。国家在可持续发展方面的政策需要与 CDM 政策协同，避免政策法规"撞车"给额外性论证造成障碍。此外，对于生物质发电和天然气发电项目，考虑到这两类项目的特殊风险，国家应该给予相应的政策优惠。

第一，CDM 项目开发具有高风险性，不是所有的项目业主和咨询机构都做好了准备。业主在第三方咨询公司和买家的选择中，目前还存在着一定的盲目性，对咨询公司的专业性、开发经验、实力，以及抗风险能力等关键因素还缺乏足够的了解和重视。就目前国内市场来看，咨询公司的专业程度和实力参差不齐，加之目前市场上对 CDM 普遍的认识偏差，导致一些业主盲目进行申报，致使项目设计文件编写质量低，注册成功率较低。这还造成另外一个严重的后果——那些拥有优质 CDM 项目资源，但还对 CDM 半信半疑的潜在项目业主对申报 CDM 缺乏信心，从而最终有可能坐失商机。总之，CDM 的开发是一个严谨的进程，中国企业要加强对额外性的理解，能够对自身项目有一个预判。对于额外性明显的项目，企业应当心中有数，积极配合专业的 CDM 咨询机构，坚定不移开发下去。当然，企业应当谨慎地选择负责任的 DOE 和 CDM 开发咨询机构，以保证自身的利益。

第二，CDM 项目在额外性论证中往往会遇到一个很矛盾的问题：国家主管部门在审批项目立项时，更多地关注项目收益率。因此，为了保证项目收益率达到行业基准收益率，项目开发商在可研报告中常常会采用反推电价等方式使得项目收益率达到或者大于基准收益率，而 CDM 项目额外性论证一般是论证项目收益率不能达到基准收益率，这就必然产生一个矛盾的结果。在计算收益率时采用的数据绝大部分取自可研报告，但在证明额外性时是通过证明实际电价不可能达到反推电价，或者实际投资高于可研报告中预计的投资，从而来达到证明额外性的效果。这些与可研报告不同的数据，一般都会被 DOE 或者 EB 要求做出详细可靠的说明，是项目注册过程中的一大障碍[①]。这是因为，2004 年投资体制改革之前，中国所有的建设项目的可行性研究报告都需要得到相关部门的批准，而其中批准的重要内容就是技术上和财务上的可行性。为了谋求项目的"可批性"，很多项目的可行性研究报告往往立足于项目投资的还本付息能力，从保证必要的内部收益率出发，倒推出假定的销售价格，这样的结果恰恰

---

① 目前实践中存在的一个问题是，诸多可研报告的设计单位对 CDM 了解不多，而且认为 CDM 与他们的体系没有关系，在很多情况下很不配合。

不利于 CDM 项目的额外性说明。不过，随着国家投资体制改革的一步步深入，政府部门在项目建设方面所担任的角色也在逐渐改变。2004 年，中国开始了投资体制改革之后，政府对企业投资项目一律不再审批，根据项目具体情况分别实行核准制和备案制。可行性研究报告的主要功能是满足企业自主投资决策的需要，其内容和深度可由企业根据决策需要和项目情况相应决定。政府不再从行使所有者职能的角度审查其市场前景、经济效益、资金来源、产品技术方案来核准项目。在新的体制下企业的可行性研究报告不再需要为了谋求"可批性"而让其流于形式了[17]。

第三，CDM 政策与国家其他政策的协同。额外性论证时常会与国家鼓励政策法规产生"撞车"。对于属于国家或地方可持续发展优先领域的项目类型，政府的鼓励政策法规与 CDM 机制往往并行不悖，殊途同归，都是帮助克服障碍促进发展，但在额外性问题上可能会"撞车"。需要妥善论述鼓励政策法规对该项目的有效性范围和程度，找出该项目的 CDM 额外性的存在空间，使得两者互补，相得益彰而不是相互"撞车"。另外，建议国家在制定相关政策时将 CDM 的规则纳入考虑范围内，在促进可持续发展的同时，也为 CDM 项目开发留下发展空间。以中国关于垃圾填埋气收集的相关规定为例，1997 年国家颁布的《生活垃圾填埋污染控制标准》（GB16889—1997）规定，对填埋场产生的可燃气体达到燃烧值的要收集利用；对不能收集利用的可燃气体要烧掉排空，防止火灾及爆炸，填埋场设计时，应设有相应设施。而 2008 年修订的《生活垃圾填埋场污染控制标准》（GB16889—2008）则规定填埋气导出后利用或焚烧且要达到一定要求才能排放，因此可能对该类项目的额外性产生影响。

第四，生物质发电、垃圾填埋气发电、天然气发电等项目类型在注册和签发时还会面临特殊的风险。天然气项目因装机较大，所以减排量较大，而且是化石燃料发电项目，因而在 DOE 审定和 EB 审查时往往都带着挑剔的态度，注册周期也相对较长。生物质发电和垃圾填埋气发电 CDM 项目因为监测数据繁多，可能影响 CER 的签发，进而影响项目的 CDM 收益。生物质发电项目和天然气发电项目这两类项目单位千瓦投资大，燃料价格高（生物质本身价格虽低但收集运输成本高、天然气气体本身和运输成本都很高），即便考虑 CDM 的收入，由于 CDM 资金往往在项目运行很长一段时间才能获得，且项目注册和签发的风险越来越大，所以一批生物质电厂和天然气电厂面临亏损。因此，建议国家给予一定的优惠政策，使这些项目在考虑 CDM 的基础上具有较强的营利能力。

参 考 文 献

[1] Schneider L. Is the CDM fulfilling its environmental and sustainable development objectives. an Evaluationof the CDM and Options for Improvement. Berlin：Öko-Institut，2007

[2] Zhang Z X. Estimating the size of the potential market for all three flexibility mechanisms under the Kyoto Protocol. MPRA Paper 13088，University Library of Munich，Germany，1999

[3] 刘德顺 . 额外性论证评价工具（第 03 版）要点分析 . http：//www. china-cdm. com/up-loads/soft/200742384843490. pdf. 2009 - 06 - 12.

[4] Partridge I，Gamkhar S. The role of the clean development mechanism in a post Kyoto climate agreement：effective participation by China and India. http：//www. aere. org/meetings/documents/partridge. pdf. 2010 - 10 - 20

[5] Yong A. Investment additionality in the CDM. www. ecometrica. co. uk. 2010 - 1 - 20

[6] Wara M，Victor D. A realistic policy on international carbon offsets. PESD Working Paper 74，2008

[7] Vidal J. Billions wasted on UN climate programme，The Guardian，2008 - 05 - 26

[8] UNFCCC. Clean Development Mechanism 2008 in brief. http：//unfccc. int/resource/docs/publications/08 _ cdm _ in _ brief. pdf. 2010 - 02 - 22

[9] 段茂盛，刘德顺 . 清洁发展机制中的额外性问题探讨 . 上海环境科学，2003，(4)：250～253

[10] 武曙红，张小全，李俊清 . 清洁发展机制下造林或再造林项目的额外性问题探讨 . 北京林业大学学报（社会科学版）. 2005，(2)：51～56

[11] 孙锦华 . 清洁发展机制项目研究与案例分析 . 大连海事大学硕士学位论文，2008

[12] 陈雯，牟瑞芳 . 造林/再造林 CDM 项目 PDD 编写中几个重要问题探讨 . 环境科学与管理，2008，(5)：11～16

[13] 李亚春，孙雪丽，王圣 . 超超临界发电工程 CDM 项目开发的研究 . 华东电力，2008，(6)：97～101

[14] 孙欣 . 煤层气利用清洁发展机制项目实例研究 . 中国煤炭，2008，(7)：122～126

[15] 马智杰，Edward Weinberg. 四板沟水电站清洁发展机制额外性原理及 CO_2 减排量的计算方法 . 北京：中国水利水电科学研究院学报，2008，(2)：118～123

[16] 刘德顺 . 额外性论证评价工具（第 03 版）要点分析 . http：//www. china-cdm. com/up-loads/soft/200742384843490. pdf. 2009-06-12

[17] 童玉妹，顾久君 . CDM 项目开发的额外性分析 . 科技促进发展，2008，(10)：50

基于生态效率的中国绿色经济评价方法

□ 王金南　李晓亮[①]

（环境保护部环境规划院）

摘要：本文基于现有的绿色经济的概念和理论体系，提出基于生态效率的绿色经济的概念并分析了其有效性和可行性，建立针对我国国家层面的绿色经济评价指标体系，对我国绿色经济发展的历史和现状进行了回顾和评价，同时就如何进一步完善绿色经济理论体系和如何指导我国社会发展提出相关政策建议。

关键词：绿色经济　生态效率　评价方法

Evaluation of Eco-Efficiency-Based
Green Economy in China

Wang Jinnan，Li Xiaoliang

Abstract：Based on the existing concepts and theories of green economy，the concept of eco-efficiency-based green economy is proposed，and its feasibility and effectiveness are analyzed. The evaluation system on China's green economy is established，and the historic and current developments of China's green economy are reviewed. Some advice on how to improve the theoretic system of green economy and how to guide China's social development are proposed.

Keywords：Green economy　Eco-efficiency　Evaluation

绿色经济已经不是一个新概念，但在应对国际金融危机的背景下赋予了新的涵义，成为当今国际政治经济舞台的热点话题。不到一年时间，绿色经济战略就从国际社会平台走入到中国政府的战略决策平台中，胡锦涛总书记在 2009 年 9 月 22 日联合国气候变化峰会上指出："要大力发展绿色经济，积极发展低碳

① 李晓亮，通信地址：北京朝阳区北苑路大羊坊 10 号北科创业大厦 703；邮编：110012；邮箱：lixiaoliang@caep. org. cn。

经济和循环经济,研发和推广气候友好技术。"毫无疑问,绿色经济已经成为中国实践科学发展观的重要战略之一,但是现有理论体系的不完善又在一定程度上制约了其在实践中作用的进一步发挥。而生态效率概念和方法体系可以从多维度、多角度评价和指导绿色经济发展的特点,可以解决绿色经济现有的理论体系与实践之间、与其他可持续发展相关理论体系之间联系相对较为薄弱的问题,在相关领域已有较为成熟完善的理论体系和定量计算方法,也已开展了大量相关的研究和实践。所以,本文基于生态效率的概念和方法体系对绿色经济的概念进行重构,以此来尝试建立并完善绿色经济的基础理论和评价体系,并从多个角度对我国绿色经济发展现状进行初步评价,使得其能够切实服务于政策制定,为我国应对金融危机并建立资源环境经济社会的永续发展模式贡献应有之力。

1 基于生态效率的绿色经济的概念

1.1 绿色经济现有概念体系

"绿色经济"是由经济学家皮尔斯于 1989 出版的《绿色经济蓝皮书》中首先提出来的。从 20 世纪 90 年代开始,联合国环境规划署(united nations environment programme,UNEP)和其他一些国际组织(如世界银行、联合国亚洲及太平洋经济社会委员会、联合国统计署)就开展了绿色财富、绿色增长、绿色 GDP 核算等相关研究,但没有形成相应的分析技术方法,建立相关的模拟和预测模型,来科学合理地界定绿色经济的概念和分类,分析绿色经济对经济增长的贡献和潜力。在 2008 年 10 月金融危机背景下,UNEP 提出"绿色经济"和"绿色新政"的倡议,试图通过加大绿色投资等手段催生世界新一次的产业革命,即培育新的经济增长点,对世界经济中的资源配置系统性偏差进行修正以来,绿色经济已逐渐由研究学术层面走向国际和国家政策操作层面。

目前,学界多从两个角度尝试界定绿色经济,分别代表了绿色经济在实践中的两个主要关注点:第一,"产业的绿色化"。此种方法主要从理论出发,以资源消耗、环境容量、生态足迹和碳足迹等因素为评价指标,直接比较国家、区域、产业甚至企业等各层面主体的绿色程度。从理论范式角度考虑,此种绿色经济的界定方法可视为在资源、环境、气候等约束下的各主体的经济产出函数目标的最大化。第二,"绿色的产业化"。此种方法以实践经验为参考,以服务于政策制定为导向,通过直接定义绿色经济的产业部门和领域,希望通过短时间内集中发展若干产业来催生新的经济增长点和技术革命，如 UNEP 给出的绿色经济主要包括的环境和生态系统的基础设施建设、清洁技术、可再生能源、废物管理、生物多样性、绿色建筑和可持续交通等 8 个领域[1]。

上述两种界定方法，虽然较以往的定性描述已有较大进步，但是仍存在三个较为明显的缺陷：第一，与其他研究和实践均相对较为成熟的可持续发展相关理论体系之间缺乏联系、缺乏借鉴；第二，上述两种界定方法间缺乏联系，即基于理论和基于实践的两种界定方法间和两种界定方法下的两类绿色经济主体间（即"被绿化的产业"和"绿色产业"）的关系均尚未明确；第三，两种界定方法的绿色产出不统一，基于理论的在资源环境等条件限制下"被绿化的产业"的绿色产出显然是越多越好，而基于实践的各"绿色产业"部门，由于其将末端治理的环境基础设施、废弃物管理等也包含在内（与此种"所谓的绿色产出"相比显然更应鼓励源头减量），所以，此种绿色产出并非总是越多越好。

1.2 生态效率概念体系简介

自德国学者 Schaltegger 和 Sturm[2] 提出生态经济效率思想，世界可持续发展委员会（WBCSD）和经济合作与发展组织（OECD）给出更加明确且广泛应用的生态效率概念以来，国内外诸多政府机构、NGO、企业，以及研究人员分别基于各自的关注点，对生态效率的概念和理论内涵进行了了注释[3]。但这其中最有影响力且也应用最为广泛的，仍是 OECD 认为的生态经济效率是指"生态资源满足人类需要的效率"，它可看作一种产出与投入的比值，其中产出指一个企业、行业或整个经济体提供的产品与服务的价值，投入指由企业、行业或经济体所带来的资源消耗和造成的环境压力，广泛采用的公式为

$$生态效率 = \frac{产品和服务的价值}{环境影响} \tag{1}$$

基于此，可以视生态效率为将资源、经济和环境三个指标连接起来的，在最优的经济目标和最优的环境目标之间所建立的一种最佳的链接。而其理论基础和实践研究，则既可作为可持续发展的目标，又可作为促进可持续发展的方法，还可以作为测度可持续发展水平的评价和指标体系。所以，其在国家、区域、产业、企业其至产品层面均有较为成熟和广泛的应用。

1.3 基于生态效率的绿色经济概念

在区域、产业部门和企业与产品这三个层面分别提出基于生态效率的绿色经济的概念：在国家和区域层面，绿色经济是指在区域环境承载力范围内，能够提供有价格竞争优势的、同时具有经济和生态双重效率的，能够提供充分满足人类需求和保证生活质量的产品和服务的经济体；在产业部门领域，绿色经

济是指相对于可比较的产业部门而言，本产业部门生态效率较高，或者能够显著提高其他产业部门或整个经济体的生态效率的产业部门；在企业和产品领域，绿色经济是指较其他可比较的产品和企业来说，生态效率较高的产品或企业，或者能够显著提高其他产品、某些行业或整个经济体生态效率的产品或企业。

上述绿色经济定义方法，主要将具有两种特征的主体划入到研究范畴之中：第一类，自身生态效率比较高的区域、产业部门、企业或产品；第二类，能够显著提高其他主体生态效率的产业部门、企业或产品。此种定义方法的好处主要体现在以下四个方面。

第一，建立了现有两种绿色经济界定方法及各相关主体的联系。自身生态效率高是绿色经济发展的目标，而在市场经济条件下通过发展绿色产业，为经济的"绿化"调整提供产品、服务和技术，进而提高生态效率，是实现目标的手段。即"绿色的产业化"是目标，"产业绿色化"是手段。

第二，为研究两类绿色产出间的关系和各自适宜比例打下了基础。第二类绿色产出，在其他各主体生态效率较低时，是越大越好的，因为其占比越大，就可以提供越多的提高其他主体生态效率指标所需的产品和服务；而当其他主体生态效率都已经达到较高的状态时，此种绿色产出只要维持在一个适宜的水平即可，并非越大越好。即第二类绿色产出的占比，是部分由第一类绿色产出及其未来需求决定的。

第三，通过引入全生命周期的生态效率的研究方法，可以辨别并剔除一部分伪绿色经济主体。自身生态效率的高低和能否提高其他主体的生态效率，是此种绿色经济概念着重考虑的两个方面（图1），而通过将上述两方面指标联合起来进行判定，并在进行判定时将生态效率界定为全生命周期的生态效率，有助于剔除一部分伪绿色经济主体，如Ⅳ部分，这类主体虽然能在一定时期内提高其他主体的生态效率，但由于其自身生态效率较低（尤其是其全生命周期生态效率较低），所以这种现象、此种产业（如生物乙醇）更值得关注。

图1　两个指标来共同界定绿色经济

Fig. 1　Definition of green economy by the two indicators

第四，建立了与其他可持续发展相关理论体系间的联系，可以从多个维度、多角度评价各主体的绿色经济发展水平。生态效率理论是在国家、区域、产业、企业甚至产品等各个维度层面促进和实现可持续发展的重要目标和工具，已有大量相关研究及相对成熟的方法，可以改造后借鉴过来直接用于各主体绿色水平的评价；而且生态效率理论公式虽然简单易懂，但其可供选择和对比的指标非常广泛（图 2），如果将分子和分母进行不同组合，那么所得一系列结果就可以从多个角度来评价所研究主体的绿色经济发展水平。

2 基于生态效率的绿色经济的评价体系

2.1 生态效率的现有计算和评价方法研究进展

目前对国家、地区、公司和产品等各层次的生态效率都开展了不同程度的研究，但尚未形成统一的计算方法，目前常用的方法主要有以下两大类。

第一大类，价值-影响比值计算方法。基于式（1），根据不同的研究主体针对分子和分母分别挑选合适的指标并进行计算，指标既可以挑选一个（组）有综合性、代表性的指标进行表征（如采用能值/DMI、能值/生态足迹），也可以采用一系列更加有针对性的指标来分别表征以资源消耗计的生态效率（如 GDP 分别除以各项资源消耗量）和以环境污染计的生态效率（如 GDP 分别除以水、气、固废及各种污染物排放量），具体见图 2。

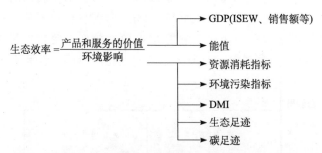

图 2　价值-影响比值法计算生态效率可选用的指标[3~6]

Fig. 2　Optional indicators for the Calculation of eco-efficiency using value-impact ratio method

第二大类，其他模型计算方法。目前采用较多的通过模型来计算生态效率的方法主要有两种，分别为数据包络分析（data envelopment analysis，DEA）和同为比例模型的生态成本价值指数（eco-cost/value ratio，EVR）模型。

就生态效率的研究和计算方法本身的发展而言，目前已开发出多种方法且各有优缺点，下一步的优化方向在于多种方法的整合[3~6]，比如将物质流分析、生态足迹、能值等多种方法予以整合，而绿色经济研究恰好可以借鉴和利用此种整合，丰富、完善研究和评价方法。

2.2　本文研究及评价体系的建立

基于前文所述，本文基于其他相关研究成果[3~8]和相关统计年鉴的数据，建立如表1的评价指标体系来初步评价我国绿色经济的发展现状。

表1　度量我国绿色经济的生态效率指标*
Tab. 1 Eco-efficiency indicators to measure the development of China's green economy

生态效率公式中的分子指标		GDP	亿元
		能值	Em $
生态效率中的分母指标	资源来源（输入端）	物质输入：直接物质投入（DMI）	百万吨
		能源消耗：能源消费总量	万吨
		水消耗：用水总量	亿立方米
		土地使用：建成区面积	平方公里
	排放池（输出端）	固体废物排放：工业固废排放量	万吨
		废气排放：SO_2 排放量	万吨
		废水排放：废水排放量	亿吨

* 改编自文献［6，7］。

3　基于生态效率指标的中国绿色经济评价结果

本文基于生态效率指标的中国绿色经济评价结果如下。

第一，采用传统 GDP 与各项表征资源消耗和污染排放因子的比值作为生态效率指标，对我国绿色经济发展的评价结果如图3所示。可以得出，从 2001～2007 年，无论是表征资源消耗的生态效率，还是表征污染排放的生态效率，均有比较明显的提升，其中效率提升最大的是以固废排放量计的生态效率，2007 年的效率是 2001 年的 5.5 倍；而提升最小的是以能源消耗量计的生态效率，2007 年的效率仅为 2001 年的 1.23 倍，其余指标的提升为 1.5～2 倍。

第二，采用能值和物质流分析，以单位物质消耗所创造的有效能值产出能值-货币价值作为生态效率指标，对我国 1979～2004 年的绿色经济发展水平进行评价，其结果如图4和图5所示[4]，并可得出如下两个结论：

（1）与发达国家相比，我国国民经济绿色程度较低（图4）。就 2002 年而言，中国生态经济效率只有 137.72～160.30Em $/t，即每创造 137.72～

117

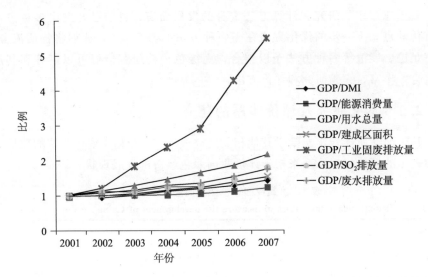

图 3　采用 GDP 与各项表征资源消耗和污染排放的因子的比值的指标体系的评价结果
（以各指标 2001 年的值为 1，后续年份以比例表示）

Fig. 3　Evaluation using eco-efficiency indicators with the ratio of GDP

and resource consumption&pollution emissions

（The 2001 value of each indicator as 1，years follow-up showed by proportion）

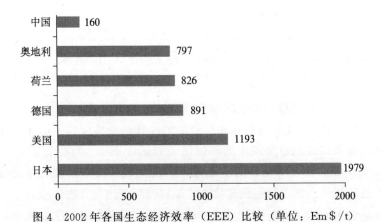

图 4　2002 年各国生态经济效率（EEE）比较（单位：Em＄/t）

Fig. 4　Comparative Research on Eco-Economic Efficiency across the World in 2002

160.30Em＄的产值就需要 1t 的物质消耗。而对比其他五国，日本、美国、德国、荷兰和奥地利的生态效率分别达到了 1979、1193、891、826 和797Em＄/t。与其他五国相比中国的生态经济效率之所以低，一是因为中国的一年应用的各种能值总量估算高于许多国家，并与美国相近；二是虽然国家能值使用量很高，

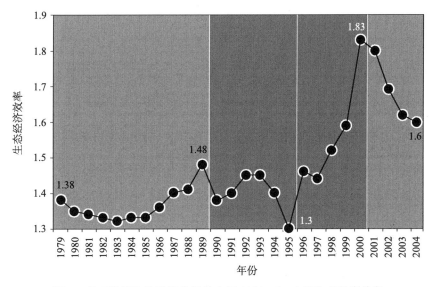

图 5　基于能值和物质流分析的中国 1979～2004 年生态经济效率

（能值/DMI，单位：10^2 Em $ /t）

Fig. 5　Emergy and MFA based Eco-Economic Efficiency from 1979 to 2004 in China

但生产技术水平低，未能充分发挥投入能值的作用，也说明经济活动中存在严重浪费资源的现象，过分消耗了资源财富，导致经济产出效率并不高。

（2）我国的生态效率大体可分为四个阶段（图5）：1979～1989 年稳步上升，1990～1995 年略有下降，1996～2000 年又呈现上升状态，2001～2004 年在短暂下降后又恢复至 2000 年的水平并保持基本不变状态。最后这一阶段是被众多学者所称的"中国工业进入重化工时期，中国工业经济进入新的经济增长平台"，因此，这是一个值得关注的趋势。

第三，采用 GDP 与直接物质投入量（DMI）的比值作为生态效率指标，将我国绿色经济发展情况与国际先进国家进行对比，如表 2 所示。从表 2 可以看出，即使拿我国 2003 年的效率与发达国家 1996 年的进行对比，仍旧可得与图 4 相似的结论。即我国生态效率大约仅为国际发达国家的 1/10，甚至更低。

表 2　以资源生产率计的生态效率的国际对比[6]　（单位：美元/t）

Tab. 2　International comparison of resource productivity based eco-efficiency

国别	1975 年	1980 年	1985 年	1990 年	1995 年	1996 年	2000 年	2001 年	2002 年	2003 年
英国	1487	1714	1012	1517	1482	1513				
日本	472	700	852	1410	2543	2255				
德国	649	984	751	1451	1296	1313				
中国							139	151	154	158

注：表中各国 GDP 均为 2000 年不变价。

4 相关结论及政策建议

第一，基于生态效率概念和方法重构绿色经济概念体系，是恰当的。在绿色经济的界定和研究中引入生态效率概念，可以充当绿色经济现有的理论体系与实践之间、绿色经济理论与其他可持续发展相关理论体系之间联系的桥梁。从生态效率的角度对绿色经济进行定义，并建立相应的评价体系，是对绿色经济理论体系的完善、是对绿色经济相关实践的指导。

第二，在绿色经济的研究中引入生态效率的计算和评估，可从多个角度、多个侧面来反映和评价各个主体的绿色程度，但应加强各指标间、各方法间关系的研究。虽然评价结果中出现趋势不一致的现象（图3和图5中针对我国2001年之后的生态效率的评价），但并不代表着出现了相互矛盾的结论，而是由于采用了多种方法对评价主体从不同角度进行了评价，评价的侧重点以及模型的假设和内涵有所差异，今后应加强对不同指标和不同方法间关系的研究。

第三，针对于不同主体有针对性地建立研究和评价指标体系。在研究和探讨基于生态效率的国家层面的绿色经济评价体系的研究的同时，应重视区域、企业和产品层面的评价体系的建立，同时映研究各层面、各主体的评价指标和方法的联系和相应的对接方法。

第四，基于统一的绿色经济的理论，尝试建立统一的绿色经济评价指标体系。本文提出了统一了各层面、各主体的绿色经济的概念，但只建立了针对于国家（区域）层面的绿色经济的评价体系，应在进一步识别区域与产业、产业之间等联系的基础上，不再采用仍显割裂的、而采用统一的评价体系来深入反映各层面、各主体间的内在联系，从而更好地指导实践。

第五，将基于生态效率的绿色经济理论和方法体系联系实践，指导我国经济和社会发展。用基于全生命周期的生态效率的评价方法，识别我国经济、产业等方面发展的短板和亟待改善的方面，同时识别并发展生态效率真正较高的产业和产品。

参 考 文 献

[1] 王金南，李晓亮，葛察忠. 中国绿色经济发展的现状与展望，环境保护，2009，(5)：53～56

[2] Schaltegger，Sturm. Okoiogiche Rationaiitat：Ansatzpunkte zur Ausgestaltung von Okologieorienttierten Managementinstrumenten. Die Unternehmung，1990，(4)：273～290

[3] 商华. 工业园生态效率测度与评价. 大连理工大学博士学位论文，2007：28～31

[4] 刘军. 基于生态经济效率的适应性城市产业生态转型研究——以兰州市为例. 兰州大学博士学位论文，2006：101，102

［5］孙源远．石化企业生态效率评价研究．大连理工大学博士学位论文，2009：8～10

［6］邱寿丰．循环经济规划的生态效率方法及应用-以上海为例．同济大学博士学位论文，2007：37～61，64

［7］邱寿丰，诸大建．我国生态效率指标设计及其应用．科学管理研究，2007，25（1）：20～24

［8］徐明，张天柱．中国经济系统的物质投入分析．中国环境科学，2005，25（3）：324～328

我国"十一五"污染减排进展与"十二五"展望

□ 王金南　贾杰林[①]　万　军

（环境保护部环境规划院）

〉〉〉〉〉〉〉〉〉

摘要："十一五"期间，污染减排工作取得明显进展，减排目标有望超额完成，产业结构调整取得成效，治污设施建设力度大幅度提高，环境监管能力建设得到显著加强，部分区域环境质量有所改善，形成了一套较为系统的污染减排制度。但环境形势依然严峻，污染减排仍然面临许多困难和挑战。"十二五"国家将进一步加大污染减排力度，增加污染物总量控制类型，完善配套政策，强化基础保障，努力通过污染减排切实优化经济发展，改善环境质量。

关键词： 污染减排　主要污染物　形势

The Progress of Pollution Reduction In the "11th Five-Year" Period and the Looking In the "12th Five-Year" Period

Wang Jinnan，Jia Jielin，Wan Jun

Abstract： During the 11th Five-Year, the task of pollution reduction has made great progress and its target may be overfulfilled. Industry structure revision has got achievement with more concern of the construction of control pollution facilities. It can be seen obvious increase in environment supervision ability. In some region，the environment quality has improved and the pollution reduction system has formed a more systematic one. However，the environmental sit-

---

① 贾杰林，通信地址：北京朝阳区北苑路大羊坊 8 号，环境保护部环境规划院；邮编：100012；电话：010—84915112；邮箱：jiajl@caep. org. cn。

uation is still grim and pollution reduction is still facing many difficulties and challenges. In the 12th Five-Year plan, our country will further strengthen the efforts of pollution reduction, increase the control type of total pollutant, complete supporting policies, strengthen the basis of guarantee, and will make great efforts to optimize economic development effectively and improve environmental quality through pollution reduction.

Keywords: Pollution reduction   Main pollution   Situation

我国经济快速增长，各项建设取得巨大成就，但高消耗、高污染的粗放发展模式付出了巨大的资源和环境代价，经济发展与资源环境的矛盾日趋尖锐。为转变经济增长方式，改善环境质量，《国民经济和社会发展第十一个五年规划纲要》提出了"十一五"期间主要污染物排放总量减少10％的约束性指标，强化责任考核，建立了以污染减排为重点的环境保护制度。在"十一五"规划实施期间，污染减排工作取得明显进展。

1 "十一五"污染减排工作进展

2006年是"十一五"污染减排工作的起步之年。各省明确了减排工作任务和目标要求，减排指标和任务措施层层分解落实到各级政府和重点企业，为污染减排有效推进打下了坚实的基础。然而，由于污染减排工作刚刚起步，受到主要污染物产生量超过预期、各方面对减排重要性和艰巨性认识不足、减排的监督管理考核体系不健全、政策措施效益发挥滞后性等因素的影响，2006年，全国二氧化硫和化学需氧量排放量分别比2005年增长1.8％和1.2％，总量不降反升，凸显出污染减排工作的长期性、艰巨性和复杂性。

2007年国家为推进节能减排工作做出了一系列重大部署，成立了节能减排工作领导小组，印发了《节能减排综合性工作方案》，批准了《节能减排统计监测及考核实施方案和办法》，各地区、各部门出台了一系列推进减排的政策措施，工作力度不断加大。与2005年相比，化学需氧量和二氧化硫排放量分别下降2.3％、3.2％，首次实现双下降[1]。

2008年是污染减排工作的攻坚之年。在国际金融危机对我国经济影响不断加深的复杂形势下，污染减排工作没有放松和懈怠。同时受金融危机影响，新

增排放量压力减缓也在一定程度上减轻了减排压力。2008 年污染减排工作取得
突破性进展,与 2005 年相比,化学需氧量和二氧化硫排放量分别下降 6.61% 和
8.95%,不仅继续保持了双下降的良好态势,而且首次实现了任务完成进度赶
上时间进度[1]。

2009 年是污染减排工作的冲刺之年。面对国际金融危机给污染减排工
作带来的问题和挑战,污染减排工作确立了"目标不变、标准不降、力度不
减"原则,保持了持续推进的良好态势,全年化学需氧量排放总量比 2008
年下降 3.27%,二氧化硫排放总量比 2008 年下降 4.60%,继续保持了双
下降的良好态势。化学需氧量和二氧化硫排放总量与 2005 年相比分别下降
9.66% 和 13.14%[2],"十一五"主要污染物总量控制约束性目标有望超额
完成(图 1)。

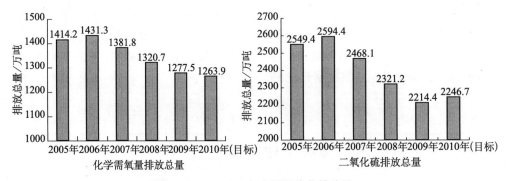

图 1 2005～2009 年主要污染物排放量

Fig. 1 Main pollution discharge amount between 2005 and 2009

截至 2009 年,全国化学需氧量排放总量有 6 个省(区、市)减排进度已超
过"十一五"减排目标要求,13 个省(区、市)减排进度已超过"十一五"减
排目标的 90%,12 个省(区、市)减排进度低于 90%,大部分有望在今年
如期完成减排目标。二氧化硫排放总量有 26 个省(区、市)减排进度已超
过"十一五"减排目标要求,仅有 5 个省(区、市)减排进度相对滞后。但
是各地减排进度不平衡,东部地区完成情况要好于中部地区,中部地区明显
好于西部地区。截至 2009 年年底,从化学需氧量减排完成情况看,东部地
区总体完成"十一五"目标的 98%,中部地区完成 89% 左右,西部地区只
完成目标的 75%。从二氧化硫减排情况看,减排进度相对滞后的 5 个省均
是西部省份[3]。

2 "十一五"污染减排主要成效与经验

为确保实现"十一五"减排目标，各地把污染减排作为环境保护工作的中心任务和重要抓手，加大工作力度，推进减排措施，从多个方面对污染减排进行了探索，带动了环保工作的全面开展。

2.1 实现了主要污染物排放总量的持续下降，部分环境质量指标持续好转

"十一五"前四年，我国经济平均增速约为 10.5%，但是增长方式仍然粗放，高耗能、高污染行业一直保持较快的增长势头，全国煤炭消费量、火电装机容量、造纸制浆产能均在 2007 年超过"十一五"预期增长规模，给污染减排工作造成了巨大压力（图 2）。通过各方面的共同努力，污染减排实现主要污染物排放总量持续下降，遏制了我国化学需氧量和二氧化硫排放量长期增长的势头。

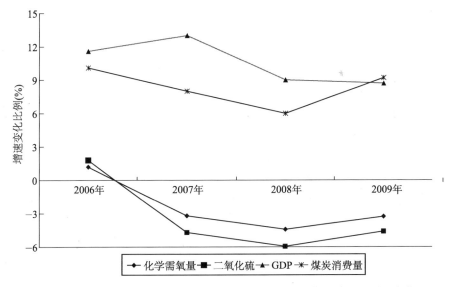

图 2　2006～2009 年化学需氧量、二氧化硫与 GDP、煤炭消费量增速变化

Fig. 2　Increase velocity change in COD，sulfur dioxide，GDP and coal consumption between 2006 and 2009

"十一五"期间，以污染减排约束性指标为着力点，以大工程带动大治理，全国部分环境质量指标持续改善。2009 年全国地表水国控监测断面高锰酸盐指数年均浓度为 5.1 毫克/升，比 2005 年下降 2.1 毫克/升，下降幅度为 29.2%。全国城

市空气中二氧化硫年平均浓度为 0.035 毫克/立方米，达到国家环境空气质量二级标准，与 2008 年基本持平，比 2005 年下降 16.7%，其中环保重点城市空气中二氧化硫年平均浓度为 0.046 毫克/立方米，比 2005 年下降 19.3%[1]（图 3）。

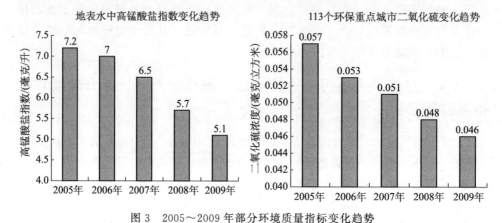

图 3　2005～2009 年部分环境质量指标变化趋势

Fig. 3　Change trends in some environmental quantity guide line between 2005 and 2009

2.2　有力地促进了环保基础设施建设，推动了产业结构调整升级

"十一五"期间，电厂脱硫设施、污水处理设施等工程建设取得突破性进展。全国累计建成各类城镇污水处理厂 1600 余座，新增污水处理能力超过 5000 万吨/日，污水处理率由 2005 年的 52% 提高到目前的 70% 以上，一些多年难以建成的污水处理厂迅速建成运行。累计建成运行超过 4.6 亿千瓦装机容量的燃煤电厂脱硫设施，使我国火电脱硫机组比例从 2005 年的不足 12%，提高到目前的约 71%（图 4）。按照污染减排统计监测考核"三大体系"建设要求，初步建成了比较配套的环保执法监察、重点污染源在线监测监控能力。

落后产能淘汰加速。借助节能减排的倒逼机制，大力推进经济结构和产业结构的调整，上大压小、减量置换、关停落后产能的力度明显加大，促使一大批能耗大、排放高的企业真正退出市场（表 1）。截至 2009 年，通过节能减排和相关措施，累计关停小火电装机容量 6006 万千瓦，提前一年半完成关闭 5000 万千瓦的任务；累计淘汰落后炼铁产能约 0.8 亿万吨、炼钢产能约 0.6 亿吨、水泥产能约 2.1 亿吨、酒精产能约 35 万吨；关闭造纸企业近 2000 家、化工企业 1100 多家、纺织印染企业 300 多家。2008 年我国水泥、电解铝、钢铁综合能耗分别比 2005 年下降约 13%、10% 和 7%，供电煤耗下降 21 克。节能减排极大地推动了产业结构调整和升级。

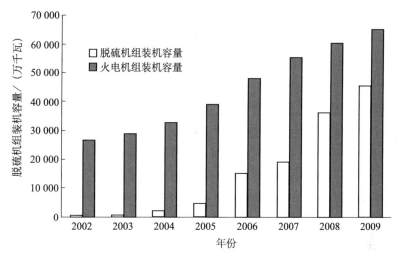

图 4　2002～2009 年燃煤机组脱硫装机容量增长情况

Fig. 4　Growth in installed capacity of desulphurization coal-fired units between 2002 and 2009

表1　"十一五"期间重点行业淘汰落后产能情况

Tab. 1　The situation on the backward production capability of the key industry eliminated during the 11th Five-Year

行业	单位	"十一五"前四年	2010 年计划[6]	预计"十一五"合计	"十一五"目标
电力	万千瓦	6 006	1 000	7 006	5 000
炼铁	万吨	8 172	3 000	11 172	10 000
炼钢	万吨	6 038	825	6 863	5 500
玻璃	万箱	3 216	648	3 846	3 000
焦炭	万吨	7 219	2 127	9 346	8 000
水泥	万吨	21 000	9 155	30 155	25 000
造纸	万吨	597	432	1 029	650

资料来源：国家发改委、工业与信息化部、环境保护部各年度节能减排公告公示。

2.3　初步形成了污染减排制度和政策体系，促进了我国环境保护管理制度和政策创新

　　污染减排制度和政策体系是我国传统八项环境管理制度的综合运用和发展创新，成为我国环境保护制度政策探索的"新高地"。明确责任、强化考核是污染减排体系的核心，改变了以前有总量、无控制、不考核的局面，找到了严格落实地方政府环保责任的落脚点，逐步建立和实施了总量减排核查核算、季度调度、在线数据直报、减排计划编制备案、信息审核、预警、统计、监测、考核九项管理制度，形成了比较系统的全过程污染减排工作指导管理体系，确立了"淡化基数、算清增量、核准减量"的核算统计原则，依据"环境保护从宏

观和战略层次上参与综合决策的机制是否建立、环境质量是否改善、经济发展方式是否转变、环境监管能力是否加强"作为减排成效的检验标准。污染减排带动了环境经济政策的发展与创新,在财政、价格、金融、税收和贸易等保障政策方面,国家出台了一系列有利于减排的环境经济政策,积极推进绿色信贷、绿色保险、政府绿色采购、差别电价、绿色电力调度等有助于减排的环境友好政策。污染物排放权有偿使用和排污权交易试点工作也在积极探索和尝试之中[4]。

3　污染减排工作面临的问题与形势

减排工作实施四年来取得了巨大成绩,但是依然面临许多困难和挑战。2010年以来,由于我国资源性工业产品产量过快增长,西南地区的特大旱情、一些减排工程进展缓慢和一些地方政府、企业出现的松懈情绪,都给减排工作带来了新的压力和困难。特别是2010年一季度,二氧化硫比2009年同期上升了1.2%,自2007年以来第一次出现了不降反升的局面。从长远看,我国仍然处于工业化、城镇化加速发展阶段,产业结构、能源结构的优化将是一个长期过程,都将给污染减排带来持续的压力。从减排工作自身来看,以污水处理厂、火电脱硫设施建设为重点的工程减排空间越来越小,减排难度越来越大,减排保障能力薄弱等问题,主要体现在以下五个方面。

3.1　粗放经济增长和能源消费形势不容乐观,减排工作与经济结构调整衔接有待进一步加强

首先,我国经济结构和粗放型增长方式短期内难以发生明显改观,重化工业在工业中占据主要地位并仍然保持较快的增长势头,比重还将上升,污染物排放的行业分布仍非常集中,主要集中在电力、钢铁、有色、化工、建材、造纸、纺织等行业,结构性污染仍十分突出。2009年年底全国火电装机容量达到6.52亿千瓦,粗钢产能达到7亿吨,均大大超过"十一五"规划目标。结构调整工作进度慢、难度大、效果不明显,各地区、各行业也不平衡,落后产能比重较大的问题仍然比较严重。其次,以煤炭为主导的能源结构短期难以改变,污染物排放增长的压力仍然很大。煤炭消费在我国一次能源结构中占有举足轻重的地位,在一次能源消费中占到70%左右,比世界平均水平高出40多个百分点。2009年我国煤炭消费量达到30.2亿吨,比2005年增加8.6亿吨,远超过

"十一五"期间 25.6 亿吨的规划目标。最后,我国正处于工业化和城镇化加快发展阶段,对重化工业和能源具有刚性需求,城市化进程将大量消耗以钢铁、建材、有色金属和石油化工等重化工产品,产生大量污染排放。同时伴随城市化进程和居民消费水平提高,城市汽车保有量迅速上升,机动车污染问题将进一步显现,并且呈现出不断加剧的迹象。

3.2　以政府目标责任制为核心的污染减排机制有待进一步完善

首先,政府目标责任制需要进一步落实,一些地方仍然存在上级环保部门考核下级环保部门、环保部门"单打独斗"搞减排的局面,没有完全建立起有效的部门联动机制,各部门的减排责任有待进一步落实。其次,减排可持续机制没有得到根本解决。目前部分省份推行的减排目标层层分解和层层考核对于小区域(县、区和镇)来说存在一定的不合理性,污染减排没有和经济发展、产业结构、环境质量很好地结合。最后,减排工作强烈依赖政府行政手段,市场机制没有得到充分发挥。在减排成效上,二氧化硫减排成效比化学需氧量明显,已经证明了由脱硫电价带动的市场机制发挥了巨大作用,但总体上,污染减排在运用市场机制方面还不够完善,尤其是如何保证减排工程设施真正能够运行并持续发挥减排效益的经济政策,包括激励性的和惩罚性的政策,产业结构调整缺乏配套政策,部分政策导向与污染减排要求相悖。一些出台的政策没有执行到位,政策作用发挥不够[3]。例如,《节能减排综合性工作方案》提出的全国二氧化硫排污费提高到 1.26 元/千克,政策至今未出台;一些行业出口退税等政策增加了淘汰落后产能和污染减排的难度,某种程度上存在"开倒车"的现象。要求对脱硫设施运行达不到要求的燃煤电厂扣减脱硫电价款并进行 2~5 倍处罚,目前只有少数省份能够严格执行。减排工程设施的稳定运行也需要引入市场机制,培育环保产业。

3.3　污染减排的基础薄弱,保障能力有待提高

首先,污染减排对污染物新增量管理还有待改进。控制新增量是污染减排的优先任务,污染减排目标实现的最大不确定因素主要来自于经济社会发展的不确定,GDP、能耗、水耗、技术进步、产业结构等减排边界条件和情景条件的变化都会影响到污染减排目标的实现[5]。当前仍有一些地区污染减排方案和经济发展规划依然是"两张皮"、一软一硬。其次,污染物排放标准不完善、执行率低,环境监管能力明显偏弱。"三大体系"建设和运行情况不理想,配套制度缺乏,环保监控平台运行不稳,企业在线监控数据不准确的现象突出,减排缺乏准确有效的基础数据保证。污染物排放总量控制法规缺失,缺乏有效、系

统的法律法规支撑，总量管理的高层次立法有待加强。

3.4 减排途径不均衡，治污工程的可持续减排能力不强

"十一五"污染减排主要依赖于末端工程减排，污水处理厂建设和燃煤电厂以脱硫为重点的工程减排措施发挥了主导作用。据测算，污水处理厂建设运营贡献的减排量占全国化学需氧量削减量的 50%以上，燃煤电厂脱硫贡献的减排量占全国二氧化硫削减量的 60%以上。短时间内建设了大量治污设施，但在部分领域工程技术储备明显不够，设施建设、运行配套政策滞后，减排工程运营监管能力不足，治污工程长期运转还缺乏配套的政策措施。在总量控制实施环节仍然存在结构性和操作性缺陷。城市污水管网建设滞后严重阻碍化学需氧量削减；二氧化硫减排方案过分依靠火电行业，对非火电行业缺乏具体手段和措施。

3.5 随着减排的深入，减排基础工作不扎实，支撑能力不够的问题日益突出

首先，我国环境污染问题具有复合型和叠加性的特点，污染减排仅解决单项指标，对其他污染物和污染指标的协同减排效应研究不够，措施不多。其次，现行的化学需氧量、二氧化硫总量减排政策基本上是针对点源污染的对策，而对环境质量影响较大的农村面源污染和非电燃煤锅炉（低矮面源）等未被有效纳入，导致污染减排还难以确保环境质量同步改善，污染减排成果与环境质量改善的印证关系不清晰。最后，随着工程减排的深入推进，污水处理厂每年产生污泥（含水率约 80%）近 2000 万吨，脱硫电厂每年产生脱硫石膏近 3000 万吨。目前污泥和脱硫石膏均未得到完全、有效的处理和利用，不仅增加了环境二次污染的风险，而且影响了工程减排的可持续发展。

4 "十二五"污染减排工作展望

就中国的经济发展、资源消耗、环境质量总体而言，基于总量控制的污染减排是一个长期而艰巨的任务。在我国工业化、城镇化对环境压力没有解决前，为了实现全面小康社会和改善环境质量，"十二五"期间我国必须继续进行主要污染物的总量控制。

在"十二五"期间，全国排放总量控制应实施体现"五个转变"的污染减

排新战略。具体为：一是从单纯注重排放总量减排向排放总量减排与环境质量改善相结合转变，进一步坚持并完善污染减排约束性指标的同时增加环境质量目标的内容，有限度地把环境质量纳入区域考核范围，逐步解决污染减排和环境质量之间的挂钩问题。二是从过分偏重重点行业减排向全面污染削减转变，强化以结构调整为主的前端减排和技术进步为主的中端减排，构建从资源能源消费、污染物产生到污染物排放的全过程减排机制，尤其要把总量削减目标与社会经济发展模式联系起来，通过资源能源的节约利用、产业结构的调整、经济发展模式的转变、生产技术的提高、环保减排工程等共同促进减排目标的实现。三是从单一污染物的总量控制向多种污染物协同控制转变。四是从关注落实减排工程能力向关注减排工程质量和减排实际效果转变，加强减排工程的建设和运行监管，确保设施充分发挥减排效益。五是从依赖行政手段向更多地利用市场经济手段、技术手段转变[2]。

"十二五"期间，总体上已经进入总量控制边际成本急剧上升的阶段，应加大环境经济政策的力度，充分运用市场经济手段促进污染减排，如建立作为前端总量控制的落后产能退出经济补偿机制，推行排放指标有偿取得和排放交易制度，完善污水和垃圾处理收费政策，完善脱硫电价，制定和实施脱硝的鼓励政策，建立重点流域水质生态补偿机制等。

参 考 文 献

[1] 环境保护部．中国环境状况公报（2006～2008 年）
[2] 国合会污染减排课题组．污染减排：战略与政策．北京：中国环境科学出版社，2008
[3] 王金南，田仁生，吴舜泽等．关于国家"十二五"污染物排放总量控制的思考．重要环境信息参考，2009，（11）
[4] 吴舜泽，贾杰林，万军等．污染减排：环保制度探索与重塑的新高地．环境保护，2010，（4）：19～21
[5] 吴舜泽，王金南．全方位推进总量减排系统工程．中国环境报前沿专刊，2007-03-09
[6] 国务院．关于印发节能减排综合性工作方案的通知．中国环境年鉴，2008

欧盟排放交易制度解析与启示[①]

□ 袁永娜[1,2]　周晟吕[1,2]　李　娜[1,2]　石敏俊[1,2②]

（1. 中国科学院研究生院；2. 中国科学院虚拟经济与数据科学研究中心）

>>>>>>>>>

摘要： 由于温室气体排放数量的可控性，配额交易机制受到越来越多的关注和青睐。欧盟排放交易计划是目前运行最为成熟的配额交易机制，也是目前较为成功的配额交易机制的典范。本文主要对欧盟排放交易计划前三个交易期的制度设计进行详细的比较，分析其变动的原因，剖析其制定的准则，以及需要考虑的问题，为配额交易计划的设计提供科学参考。

关键词：欧盟排放交易机制　国家分配方案　交易期

Analysis on and Revelations from the Design of European Emission Trading Scheme

Yuan Yongna，Zhou Shenglv，Li Na，Shi Minjun

Abstract： Cap and trade mechanism is more and more import because of its great advantage of controlling total GHG emission quantity. European Emission Trading Scheme is the first international mandatory and a very successful model of cap and trade system. This article makes a comparative analysis on the design of EU ETS in its first three trading periods，anatomizes its differences，relevance and motives of changes and generalizes some design principals of cap and trade.

Keywords：European emission trading scheme　National allowance plan Trading period

---

① 基金项目：国家自然科学基金应急项目（70941034）。

② 石敏俊，通信地址：北京市海淀区中关村东路 80 号青年公寓 6 号楼 207，邮编 100190；电话：010—82680911；邮箱：mjshi@gucas.ac.cn。

1 引言

自 20 世纪 80 年代，温室气体浓度增加将引致全球平均温度上升的观点得到基本认同以来，许多政府就采取了很多措施减少温室气体排放。从减排的机制来看，20 世纪 90 年代实施的是以价格控制为特征的税收手段，如能源税、环境税、碳税等。其中碳税是直接对 CO_2 排放征税，被很多国家采用，如芬兰、荷兰、挪威、瑞典、丹麦等。

然而，减排的实质是控制温室气体排放数量。碳税政策确实可以在一定程度上达到减排的目的，然而它到底能够减少多少排放或者能否达到特定的减排目标存在很大的不确定性。例如，《京都议定书》规定了附录 A 国家 2008～2012 年的绝对数量的减排目标，以价格控制的税收政策很难满足数量控制的要求，以数量控制为特征的配额交易机制更为合适和有效。因此，进入 21 世纪，以数量控制为特点的配额交易机制受到越来越多国际组织、国家政府和学界的推崇，许多有减排义务的国家，以及在减排方面积极的国家采取了或者即将采取配额交易机制[①]。

配额交易机制的设计非常复杂，这方面的实践和经验贫乏，这也是 20 世纪 90 年代难以被采用和推广的主要原因。在所有已经实施的配额交易计划中，欧盟排放交易制度是全球应对气候变化的一个里程碑，是第一个，也是唯一一个强制性的国际性排放交易计划，受到了国际社会和学界的巨大关注。欧盟排放交易制度 2005 年 1 月 1 日正式实施，其目标是使成员国以较低的成本，实现其在京都议定书中的承诺[②]。经过将近六年的实践和不断的自我否定，欧盟排放配额交易机制也已经成为排放配额交易机制设计的典范，被很多国家和地区学习和效仿。目前，欧盟排放交易机制已经积累了很多的经验和教训，并对前三个

---

① 目前已经运行的排放权交易计划有 2003 年成立的美国芝加哥气候交易所（Chicago Climate Exchange），2003 年开始的新南威尔士温室气体减排计划（New South Wales Greenhouse Gas Abatement Scheme），2005 年开始的挪威排放交易计划（Norway Emission Trading Scheme），2005 年实施的欧盟排放交易计划（European Emission Trading Scheme），2006 年开始实施的日本自愿排放交易计划（Japan Voluntary Emission Trading Scheme），2009 年开始实施的美国东北部地区区域性温室气体倡议（Regional Greenhouse Gas Initiative，RGGI）等。此外，澳大利亚、加拿大、新西兰、韩国、瑞士等宣布要实施排放交易计划。

② DIRECTIVE 2003/87/EC OF THE EUROPEAN PARLIAMENT AND OF THE COUNCIL of 13 October 2003。1993 年欧盟同意联合国气候变化框架的最终目标：稳定大气中 CO_2 的含量，避免人类活动引起的气候变化。2002 年，欧盟同意签订《京都议定书》，作为附录 A 国家温室气体在 2008～2012 年将排放水平比 1990 年水平降低 8%，并在同一年确定在 2005 年前建立欧盟范围内的排放交易计划。

交易期①的分配方案做了详细的部署和安排。这三个交易期之间的差异、关联以及变动的原因，对于配额交易计划的设计具有很大的参考价值。

很多的学者对欧盟排放交易制度进行了研究。Alberola 等[1,2]、Christiansen 等[3]、Convery 和 Redmond[4]、Kanen[5]、Rickels 等[6]、张跃军和魏一鸣[7] 等对欧盟碳价波动进行了研究。Betz 和 Sato[8] 则分析了欧盟排放配额交易机制第一个交易期减排效率、分配效应和环境有效性等。Demailly 和 Quirion[9,10]、Graichen 等[11]，以及 Reinaud[12] 则分析了欧盟排放配额对产业和地区竞争力的影响。Ellerman 和 Buchner[13] 则主要研究了欧盟排放配额交易机制分配方案的影响。总体看，上述的研究主要从某一侧面分析欧盟排放配额交易机制的影响，且主要集中前在两个交易期。而对于欧盟排放配额交易机制实践，以及不同交易期设计差异和变动原因，仍然缺乏系统的梳理和分析。

本文主要对欧盟排放交易制度前三个交易期的分配方案进行详细的比较和解析②，总结其制定的准则以及需要考虑的问题，为配额交易计划的设计提供科学参考。由于欧盟排放交易计划方案在第三个交易期发生了框架性的变化，因此，本文其余部分的安排如下：第二部分对前两个交易期的分配方案进行解析和比较，第三部分重点分析第三个交易期的分配方案，第四部分则对欧盟排放交易计划的分配方案进行总结和评价。

2 前两个交易期的分配方案

2.1 共性

第一个交易期，欧盟排放交易计划还处于实验和干中学阶段，且由于欧盟各成员国之间的制度、文化、经济发展水平等存在很大的不同，欧盟排放交易机制的设计也相对较为松散，因此它并没有设定欧盟范围内共同的分配方案，而是由成员国根据自己的情况，按照一定的标准，制定各自的国家分配方案 (National Allowance Plan)。而第二个交易期分配方案只是根据机制的运行情况在第一个交易期的基础上做了部分的调整，分配方案的基本框架并没有改变，仍然需要制定国家分配方案。

---

① 第一个交易期是 2005 年 1 月 1 日～2007 年 12 月 31 日，第二个交易期是 2008 年 1 月 1 日～2012 年 12 月 31 日，第三个交易期为 2013 年 1 月 1 日到 2020 年 12 月 31 日。

② 资料来源于 EU ETS 官方网站：http：//ec. europa. eu/environment/climat/emission/index _ en. htm。

成员国的国家分配方案不可以随意制定，而是需要根据相应的标准制定，且需要提交委员会审核通过，审核程序也相当复杂。在成员国把国家分配方案通知并正式提交给委员会之后的三个月内，委员会可以根据国家分配方案的制定标准，以及欧盟条约等对国家分配方案进行评估；如果被部分否定，成员国不需要再次提交国家分配方案，只需要根据相应的建议进行修改，就可以继续实施他们的最终分配决定；如果被完全否定，成员国就不能实施该计划，需要再次提交国家分配方案。

一旦委员会同意了成员国的国家分配方案，或者修改的方案被接受，在国家层面的分配的最终决定的电子分配档案就完成了。此时，成员国仍然可以利用最新的数据改变单个设备的许可数量，但不能改变许可总量，并且最终的国家分配方案一旦决定并发布，该成员国的总的排放配额，以及分配到各个设备的排放许可数量都不能改变，即不允许事后调整。事后调整会使得很多企业逃避减排责任，减排动力也大大削弱，会降低配额交易计划的运行效率。

2.2　差异

2.2.1　分配方案制定标准

第一个交易期制定了国家分配方案的 11 条标准[①]，如成员国提议的排放路径设定必须保证顺利实现它的京都目标要求，成员国估计所有部门的减排潜力与发展、无歧视原则、新进入者许可发放等。

第一个交易期对于清洁发展机制（Clean Development Mechanism，CDM）和联合履约机制（Joint Implementation，JI）等的规定，仅仅是要求成员国在国家分配方案里，阐明他们需要的数量等，并没有强制规定 CDM 和 JI 的在排放许可上限。由于存在很多不确定性的因素，很多国家都倾向于使用京都机制。第一个交易期，宣布通过京都机制购买 5 亿～6 亿吨的 CO_2 的成员国就有 8 个，仅这 8 个国家的购买量就高达 40 亿～48 亿吨，这一数量是很难实现的。根据 POINT CARBON 的统计[②]，2005～2007 年的全球 CDM 和 JI 的交易量仅仅为 20 亿吨 CO_2。

[①]　DIRECTIVE 2003/87/EC OF THE EUROPEAN PARLIAMENT AND OF THE COUNCIL of 13 October 2003，第 9 章，以及附录 3 的规定。欧盟委员会 2003 年第 87 指令规定了国家分配方案制定的 11 条标准一致，2004 年 1 月 7 日欧盟委员会制定了一个指导性文件，对这些标准作了进一步的技术阐述。COM（2003）830 final，the Commission's guidance of 7 January 2004，http：//ec. europa. eu/environment/climat/emission/review _ en. htm。

[②]　http：//www. pointcarbon. com/research，各年 Carbon report。

因此，第二个交易期的国家方案制定标准在第一个交易期的 11 条标准的基础上，又加上了第 12 条标准——关联指令 (linking directive)[①]，这一标准要求每个国家方案必须阐明国家分配方案里 JI 和 CDM 项目的使用上限。为了鼓励 CDM 和 JI 等京都机制的发展，一国超过其使用上限的 JI 和 CDM 项目排放许可，可以被其他成员国的企业使用。即使所有成员国都达到了上限，公司也可以将这一许可卖给政府或公司（欧盟或者欧盟外的其他政府），或者持有到下一个交易期。

2.2.2 设定了各成员国的排放上限

在第一个交易期，配额是成员国根据历史数据、自身发展以及相关标准和法规制定的[②]，委员会并没有设定强制性的配额。这种情况下，配额很容易设定过高。2006 年 4 月，欧盟发布了核实过的 2005 年排放量，它小于当年的配额，也即排放许可过度发放，随之而来的是二氧化碳交易价格从每吨 30 欧元急剧下跌到 13 欧元。随后 CO_2 价格在 15 欧元/吨上下波动，从 2006 年 10 月开始碳交易价格急剧下降，到 2007 年底碳价几乎为零。第一个交易期的配额过度发放，极大地制约了配额交易计划机制的减排效果。

在第二个交易期，欧盟必须兑现京都承诺，即在 2008~2012 年将排放水平比 1990 年水平降低 8%。因此，委员会为每个成员国设定了配额，配额的计算方法基于随时间的经济增长和碳排放强度的混合效应。最主要的计算公式为

$$MAAAC= (CIVE * GTD * CITD) +ADD$$

式中，MAAAC 为年均排放许可上限；CIVE 为 2005 年修正后的已核查的排放量；GTD 为 2005~2010 年的经济增长趋势；CITD 为碳排放强度发展趋势（充分考虑了减排潜力）；ADD 为计划覆盖范围的扩展。

2.2.3 覆盖范围

在第一个交易期，为了缓冲欧盟交易计划的冲击，以及其带来的不确定性，一些成员国更多地依赖于非配额交易机制覆盖的部门或者京都机制进行减排，以实现他们的减排目标，这使得他们减排的成本加大，也大大束缚了配额交易机制在提高减排成本效率的作用。因此，在第二个交易期的覆盖范围进一步扩大。允许成员国自愿将其他的温室气体纳入到计划中来，这些都必须涵盖到其

---

① 参见作为对 2003/87/EC 指令的修订和补充的 2004 年 12 月 27 日做出的 2004/101/EC。

② http://eur-lex.europa.eu/LexUriServ/LexUriServ.do? uri = COM: 2006: 0725: FIN: EN: PDF 2010 年 1 月。

国家分配方案中。另外，覆盖行业范围也大大增加，其中最主要的就是将运输业尤其是航空业纳入到配额交易计划中来。从 1990~2002 年欧盟的排放量降低了 3%，而航空业的排放量却增加了 70%。2008 年 12 月 19 日的 2008/101/EC 规定在 2012 年 1 月 1 日之后，所有的无论是离开还是到达成员国的航班将全部纳入到计划中来。随后的 2009/339/EC 决议，2009/450/EC 决议，以及 2009/29/EC 指令都对航空业做了更为详细地阐述。

在第一个交易期，成员国也可以根据自身情况，单边地将低于产能标准的设备纳入到配额交易计划中来。同样，成员国也可以暂时性地把一些特定的设备排除在交易计划之外，但是需要经过严格的审核，只有当欧盟委员会审查认为这些企业会承担其他相类似的减排义务时，才会批准排除。在第二个交易期，暂时性排除规则不再适用。此外，欧盟排放交易计划涵盖了一些排放量比较少的设备，提高了计划运行的交易费用。第二个交易期的国家分配方案起草时，对于排放较少设备的立法框架没有改变。然而，委员会要求成员国考虑现有框架提供的灵活性。

2.2.4 惩罚机制

配额交易机制的核心就是覆盖的单位排放量必须拥有对应单位发行的排放许可，这样才能达到配额交易的数量控制目的。如果机制覆盖的设备排放的温室气体超过了配额，并且差额部分没有通过相应的机制得到弥补，就需要制定惩罚措施。

惩罚力度加大。计划覆盖而没有通过相应机制得到排放许可的部分，罚金由第一个交易期的 40 欧元/吨 CO_2 上升到第二交易期的 100 欧元/吨 CO_2。同时，这部分还必须通过购买或京都机制等获得等量的排放权进行抵补。

2.2.5 第一个交易排放许可的有效性

在时间尺度上，如果 CO_2 排放权允许存储，那么企业可以选择现在排放或者延期排放，这将会使得交易计划的成本效率更高，也有利于保证交易价格的稳定性。然而，第一个交易期的计划并没有设定强制性配额，成员国排放权过度发放的情况比较严重。在第二个交易期成员国必须履行其京都承诺，有严格的排放数量限制。因此，各成员国自己决定本国企业或者排放源第一个交易期没有使用完的排放许可可以在第二个交易期使用，但是，委员会规定成员国第二个交易期的实际排放量仍然不能超过配额与京都机制使用之和。从这一角度看，此时的配额交易计划并没有实现完全的动态化。由于排放权过度发放，2007 年年底价格几乎为零。在完全动态化的情景，企业会将排放权储存到第二个交易期甚至第三个交易期来使用或者卖出，排放权价格也不会降低到接近零。

2.3 局限性与教训

总体来看，前两个交易期的欧盟排放交易计划过于复杂，不确定性多，难以预期，交易费用大。考虑到欧盟一体化程度以及成员国的差异性，各成员国首先制定各自的国家分配方案，不同国家的分配方案的制定存在很大的差异。随后经过委员会的评估并最终确定后，成员国可以按照国家分配方案对排放许可配额进行初始分配，之后排放许可可以在不同国家和地区、不同部门和企业之间进行交换，以实现欧盟范围内的减排成本最低。这一机制的任何一个环节出现问题，都会给欧盟排放交易计划的实施带来不确定性。单个成员国的国家分配方案影响的不仅仅是成员国内部的交易市场，也是整个欧盟范围内的交易市场。

具体看主要包括以下三方面的内容。首先，某些标准或者法规的含义不够清晰。国家分配方案的评估标准均为描述性的概括性的标准，即使后来 2004 年 1 月 7 日针对这 11 条标准了做了进一步的纲要性和指导性文件，但是它们仍不是具体的量化的标准，仍然相对较为模糊。关于国家分配方案是否符合这 11 条标准的判断仍然存在诸多的争议，这也是成员国在制定国家分配方案难、委员会在评估国家分配方案耗时长，以及最终无条件接受的国家方案数量不多的主要原因之一。此外，各个国家在制定自己的国家分配方案时，也存在这些问题，企业不能正确领会分配方案的真正内涵，给企业决策带来了巨大的风险，也为方案的顺利实施带来很多不确定性因素。

其次，程序复杂，耗费时间远比预期长。从成员国的国家分配方案的制定和提交，到委员会的评估，未被接受的成员国国家方案的修订，到欧盟范围内的国家分配方案的最终的确定，涉及诸多的利益群体博弈、诸多法律条文、国家层面和国内层面的诸多因素，耗费时间很长。在第一个交易期开始于 2005 年的 1 月 1 日，而到此时，仍然有波兰、捷克、意大利和希腊四个国家的分配方案没接受或者部分接受①。第二个交易期在 2008 年 1 月 1 日开始，而截至 2009 年 12 月 11 日，仍然有波兰和爱沙尼亚的国家分配方案没有通过。少数几个国家分配方案没有及时确定和发布，不仅仅是为这些成员国的企业和相关市场参与者的决策带来巨大的不确定性和风险，而且还为整个欧盟排放交易计划覆盖的企业和相关市场参与者带来了很大的不确定性和风险。

---

① 2004 年 10 月 20 日无条件接受了比利时、爱莎尼亚、拉脱维亚、卢森堡、斯洛伐克共和国和葡萄牙等六国的国家分配方案，部分接受芬兰和法国的国家分配方案；12 月下旬，接受了塞浦路斯、匈牙利、立陶宛和马耳他，部分认可了西班牙的国家分配方案。2005 年 3 月 8 日，委员会有条件认可了波兰的国家分配方案；3 月 12 日，有条件的接受了捷克的国家分配方案；5 月 25 日，有条件接受了意大利的国家分配方案。

最后，单个的国家分配方案过于复杂，并且他们之间存在巨大的差异，交易计划运行的交易费用大。各个国家分配方案是成员国结合自身发展状况制定的，差异性很大，并且一些成员国国家分配方案过度复杂①，且某些含义不够明确，加大了该成员国实施的交易费用，也加剧了国内市场的扭曲。此外，只有当这些国家分配方案最终确定后，企业和相关的利益集团才可以根据得到的相关信息，进行预期和决策。然而，由于国家方案存在巨大的差异，并且极为复杂，极大地提高了整个欧盟范围内的企业和市场参与者的预期和决策所需的成本，为二级市场碳价格的稳定性和企业的运营带来了不确定性。

3 第三个交易期的分配方案

3.1 与前两个交易期的差别相比的主要特点

第一，前两个交易期存在诸多问题的根源是存在巨大差异的复杂的国家分配方案，而这些问题的解决之道就是取消国家分配方案，提高分配方案的统一性。在第三个交易期，取消了国家分配方案，分配结构由自下而上的结构向自上而下转变，分配方案一体化程度逐步提高，分配结构发生了质的变化。前三个交易期运行的结构图见图1。第三个交易期设定了欧盟范围内的配额，配额的分配有免费发放和拍卖两种。免费发放部分设定了统一的欧盟范围内的分配标准，直接分配到各个成员国的排放源。拍卖部分将按照一定的规则分配给成员国，由成员国组织拍卖。

第二，交易期更长。不同的交易期之间意味着机制设计存在较大的调整，交易期的时间越短，计划越不稳定，给企业带来的不确定预期越大，对经济体系造成的负面影响也越大。第一个交易期为3年，第二个交易期5年，而第三个交易期由2013年1月1日至2020年12月31日，共8年。

第三，初始分配强调拍卖方式。拍卖可以确保计划的成本效率性、透明性和简单性。第一个交易期，成员国应该将至少95%的配额免费发放，第二个交易期至少90%的配额将免费发放。在第三个交易期，2013年免费发放比重为80%，随后这一比重将逐年下降，2020年达到30%，到2027年实现完全拍卖。

---

① 比如，一些成员国设定了很复杂的特定分配规则，所有的成员国为新进入者保留一定的储备，仍有许多成员国为设备的退出设定了一些行政法规（比如当设备退出之后的当期交易期许可将不再发放）。退出和进入的法规存在很多细节性的差异，这也增加了分配方案的复杂性和不明确性，也可能导致不必要的竞争扭曲。

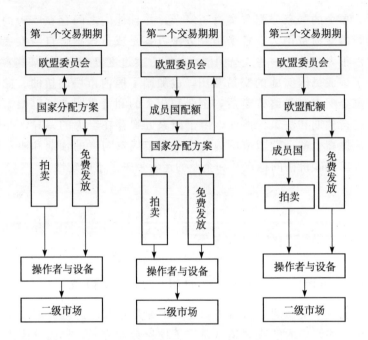

图 1　EU ETS 前 3 个交易期基本结构图

Fig. 1　Framework of Allocation Structure of EU ETS

第四，覆盖的范围进一步加大。与欧盟范围内的其他机制相比，配额交易机制的减排效率较高，它的覆盖范围的扩大可以提高减排的成本效率。第三个交易期覆盖行业增加了铝的生产、氨水的生产等，覆盖的温室气体增加了氧化亚氮和氟氯碳化物。此外，第二个交易期欧盟覆盖了大约 10 000 个设备，其中大约 4200 个设备的排放量总量占配额计划的 0.7%，这些排放少的设备减排潜力不大，而交易费用相对较高。第三个交易期提高了覆盖设备的门槛，额定需求功率由 25 上升到 35，年排放门槛由 1 万吨上升到 2.5 万吨。考虑到排除和新增，第三个交易期覆盖的温室气体会比第二个交易期大约增加 6%。

第五，关于排放许可的存储。第二个交易期排放可以在第三个交易期无限使用。

3.2　第 3 个交易期的主要内容①

第一，根据减排目标，设定了欧盟范围的配额。欧盟设定的总的排放目标是：2020 年的温室气体排放比 1990 年降低 20%，比 2005 年降低 14%。由于欧

---

① DIRECTIVE 2009/29/EC 对第 3 个交易期的欧盟排放交易计划做了详细的部署。

盟排放交易计划的成本效率较高。因此，欧盟委员会主张更多地利用配额交易计划减排：欧盟覆盖的行业比 2005 年的排放减少 21%，而没有被覆盖的行业比其 2005 年的排放降低 10%。从 2013 年开始，配额数量应该按照线性递减，减小幅度为调整后的第二个交易期年平均发放的排放权数量①乘以 1.74%。按照这一方法测算，2020 年欧盟排放②交易计划配额为 17.20 亿吨 CO_2，年均减少 3600 万吨 CO_2。

第二，配额的初始分配方式为拍卖和免费发放混合，并且由免费发放逐渐向完全拍卖过渡。拍卖可以确保计划的成本效率性、透明性和简单性。因此，与前两个阶段不同，拍卖成为欧盟排放交易计划的主要分配方式。同时，考虑到不同的国家和行业的差异，也设定了在设计拍卖许可再分配机制，以及过渡性免费发放机制。免费发放部分根据设定的欧盟范围内的基准分配到企业和设备，而拍卖部分则根据相应的原则分配到各个成员国，由成员国根据委员会制定的原则和法规组织拍卖。

第三，设定欧盟范围的过渡性免费发放的基准。原则上，对于每个部门或者子部门，基准应该按照产出计算而不是投入计算，以最大化温室气体排放的减少和能源效率的节约为原则。在某一部门或者子部门的事前基准的原则，起始点是 2007～2008 年欧盟前 10%最有效率的设备平均状况。此外，考虑到对竞争力和减排的影响，欧盟排放交易计划对于特别行业做了例外规定，最主要的是电力行业和存在碳泄露风险的行业。除了特别规定的例外③，成员国不能向电力行业发放免费的排放权。存在巨大碳泄露风险的行业主要是指受到温室气体价格导致的直接成本，或者由于它引起电力价格上涨等带来的间接成本的上涨传导在产品价格上，并且由于价格上涨引起了市场份额向国外更低能源效率生产的产品转移的行业④。对于这些行业，成员国可以给予 100%的免费许可，也可以通过采用金融手段支持这些部门的发展。

第四，以拍卖方式的许可在成员国之间进行分配，且对拍卖的收入用途做了严格的规定。拍卖许可首先根据一定的规则分配给成员国，再由成员国进行

---

① 主要为范围的调整，需要考虑第 3 个交易期的新增的覆盖范围。调整前为 20.83 亿吨 CO_2。

② 没有考虑覆盖范围的调整。

③ 具体参见 Directive 2009/29/EC Article 10c。

④ 这一估计应该建立在平均碳价格以及（如果可以获得）最近三年该行业的贸易、产量、增加值，满足以下任意 1 个条件的行业就被认为是存在碳泄露风险的行业。①由于实施该指令导致的直接和间接成本增加，引起了产品成本的大幅度上升，作为总增值部门的比重超过了 5%；并且与第三方的贸易强度（定义为进出口总量/欧盟市场的比重）超过了 10%。②指令的实施导致的产品直接和间接成本增加，引起了产品成本的大幅度上升，作为总增值的比重超过了 30%。③与第三方的贸易强度（定义为进出口总量/欧盟市场的比重）超过了 30%。

拍卖。拍卖许可总量的 88% 按照历史排放量（2005～2006 年）分配给成员国；考虑到发展等因素，其他的 10% 则在经济增长较快和人均 GDP 较低的国家进行分配；考虑到公平因素，剩下的 2% 在 2005 年的排放量低于京都议定书适用基准年份至少 20% 的成员国之间分配。其次，规定了成员国所获得的拍卖收入的 50% 或者至少有相同数量的资金的用途，它们主要用于欧盟内部的减排项目，也有少量用于发展中国家[①]。最后，为了保证拍卖的公开性、透明性以及非歧视性，欧盟委员会就拍卖的时间、方式和管理等制定了详细法规[②]，并在 2010 年 12 月 31 日前决定并发布预计的拍卖许可总量。

4 总结与启示

4.1 总结

总体来看，欧盟排放交易计划的分配方案的设计遵循了事物发展规律，经历了一个自我否定，逐步完善的过程。它兼顾了减排与发展，公平与效率，其减排效率逐步提高，交易费用逐步降低，减排力度逐步增强。第一个交易期处于学习和实验阶段，存在很多不确定因素，为了避免它对经济发展造成过大的冲击，配额交易机制并没有设定配额，而是由成员国根据自身的发展状况、承受能力等制定各自的国家减排方案。欧盟委员会制定了国家分配方案制定的标准，以此要求各个成员国的国家分配方案必须达到一定减排要求。

为了维持系统的稳定性，第二个交易期的基本框架没有改变，只是根据第一个交易期的教训以及第二个交易期的发展要求做了微调。为了达到京都目标，为每个成员国设定了配额；为了提高效率，强调欧盟排放交易计划覆盖行业多减排，欧盟排放交易计划覆盖范围不断增加。与此同时，减排力度逐步增加，限制 CDM 和 JI 等京都机制的使用，以鼓励本土减排；惩罚越来越严厉等。

前两个交易期的欧盟排放交易计划过于复杂，不确定性多，难以预期，交

---

① 其他还有：支持在发展中国家采取措施，避免森林退化、造林和重新造林等，转移技术并支持这些国家提高对气候变化影响的适应能力；欧盟内的森林固碳和 CCS；鼓励向低碳过渡，支持公共交通；支持该指令覆盖部门的能源效率和清洁技术的研发等。

② 设计的原则主要有①保证这一过程应该是可预测的，尤其是关于拍卖的时间、顺序以及预计拍卖的数量；②所有的参与者应该在同一时间获得相同的信息，并且参与者不会破坏拍卖的运作。③拍卖的组织和参与是成本有效的，避免过度的行政管理成本；④小的排放者也可以参与，计划涵盖的中小企业可以充分的公平的平等的参与；⑤成员国应该报告拍卖实施的原则，尤其是公平、公开、透明、价格形成，技术和功能性方面；⑥这一报告应该在拍卖开始前的一个月前提交，并在欧盟委员会的网站上发布。

易成本很大，要改变这种状况就必须对其基本框架做出调整。在经历过将近两个交易期的运行，欧盟排放交易机制也在日趋成熟。在 2013 年开始的第三个交易期，欧盟排放交易机制基本框架发生了根本性的变化，它取消了国家分配方案，制定了欧盟范围内的配额和免费发放基准，免费发放部分直接分配到设备。而拍卖部分根据减排与发展、公平与效率的原则分配给成员国，再由成员国组织拍卖。此外，相对于前两个交易期而言，效率进一步提高，拍卖在初始分配中扮演越来越重要的角色，覆盖范围进一步增加，在时间上逐步实现动态化。最后，为了避免这新的框架对配额交易机制、企业决策和欧盟经济发展造成过大的冲击，第三个交易期的规划和部署提前了 3 年多时间发布。

4.2　启示

4.2.1　对排放配额交易机制设计的启示

欧盟排放交易机制不仅为欧盟树立了积极的国际形象，而且使欧盟在碳金融市场上占据了主导地位。目前，欧盟的配额交易机制虽然也存在诸多问题，但其履约率较高，运行稳定，大大降低欧盟减排成本[①]，是目前运行最为成熟的配额交易机制，也是目前较为成功的配额交易机制的典范。欧盟排放交易机制取得的成功在很大程度上与其设计合理的分配方案紧密相连，值得即将实施配额交易机制的国家和地区的学习和借鉴，纵观其发展历程，我们可以得到以下三点启示。

第一，分配方案的设计兼顾发展与减排，公平与效率。从时间上看，在方案的实施初期，存在的不确定性因素较多，为了避免这些不确定性对经济发展造成过大的冲击，分配方案的设计可以采取自下而上的较为松散的设计，即可以由各成员根据自身的发展状况和承受能力设计各自的减排方案。随着配额交易计划的运行，分配方案可以根据运行的情况进行调整，在经济承受能力的范围内，逐步加大减排的力度，并向由上到下的一体化较强的框架过渡。就某一期的分配方案的设计而言也要考虑发展问题，如分配配额的时候需要考虑各个地区的发展差异，以及分配方案对不同行业竞争力和发展产生的可能影响[②]。

第二，机制设计的逐步完善需兼顾计划的稳定性。分配方案应该在交易期开始之前较长时间发布，才能使得各相关主体根据方案作出决策调整，这也是

---

① 根据欧盟委员会的估算，达到京都目标的成本为 29 亿～37 亿欧元，占欧盟 GDP 的 0.1%；而如果没有配额交易机制，达到京都目标的成本可能会达到 68 亿欧元。

② 如对碳泄露行业进行的特殊规定。

方案顺利运行的前提条件。不同的交易期之间意味着分配方案的较大调整，机制较为频繁的大的调整会为配额交易机制的运行，以及企业决策带来诸多的不确定和风险，会对经济的发展带来很大的冲击。因此，一方面机制逐步完善的过程中，交易期的时间相对越长越好；而另一方面，问题得到及时的调整，对于机制的设计也很重要，从这一角度讲，交易期的时间应该设定的相对较短。交易期长短的设定需要好好把握这两者之间的平衡。

第三，分配方案的设计必须考虑交易费用和减排效率问题。就交易费用而言，分配方案的基本框架应该与特定的发展阶段相适应，但应该尽可能的简单和统一，界定应该清晰明了，便于企业收集相应的信息，并作出相应的调整，减少企业不必要的交易费用。就减排效率而言，配额交易机制的减排效率要高于其他机制，初始分配形式拍卖的效率要高于免费分配的效率，机制内碳排放权可以交易的范围越广，在时间上的存储越灵活，减排效率就越高。因此，在承受能力的范围内，并与特定的发展阶段相适应，减排应该更多地在配额交易计划覆盖的行业；计划覆盖范围越来越大；在时间上逐步实现完全动态化；初始拍卖应该越来越强调拍卖的重要性。

4.2.2 对中国的启示

2009 年 11 月 25 日，我国政府公布了至 2020 年单位 GDP 的碳排放量比 2005 年降低 40％～45％的减排目标。这一目标意味着我国每年的碳排放强度要以 4％的速度下降，减排压力巨大。我国已经将碳强度目标作为约束性指标纳入国民经济和社会发展中长期规划，并制定相应的国内考核办法。我国各级政府和行业管理部门根据国务院提出的目标，积极研究制订本地区、本部门应对气候变化、减缓温室气体排放的中长期规划和行动计划。而不同部门和区域的成本存在巨大的差异，构建排放交易制度可以大大提高减排效率，有利于我国节能减排目标的实现。

更为重要的是，排放配额交易制度可以确保实现特定数量目标。在相对精确估算我国经济增长路径的前提下，2020 年碳强度目标就转化为特定的数量目标。而我国实施排放交易制度的条件也日益成熟。我国十一届全国人大常委会第十三次会议决定在我国逐步建立温室气体排放的统计监测考核体系。为切实保障实现控制温室气体排放行动目标，国家发展和改革委员会将组织编制 2005 年和 2008 年温室气体排放清单，增强我国温室气体排放清单的完整性、准确性，这为在我国实施配额交易机制提供了前提条件。部门和地区的减排计划为配额区域和行业的分解提供了决策参考和支持。

中国排放配额交易制度的设计必须兼顾中国的国情，遵循循序渐进、逐步完善的原则，避免对经济造成过大的冲击。比如，我国行政体制较为集权，适宜采取自上而下的分配结构，而运行初期，不确定因素较多，分配结构采取自下而上的较为松散的形式，给予各个省市较大的自主权，中央首先将配额分解到区域，再由区域根据一定的原则分配到产业。中央可以根据产业部门制定的规划，针对各区域分配到行业的基准或者方式进行指导。随着配额交易机制的运行，分配结构可以向一体化程度更高的结构过渡。比如，采取全国的统一的免费发放原则，而拍卖部分主要分解到区域。

　　排放配额交易制度的设计是一个非常复杂系统的工程，主要包括覆盖行业和排放源的选取、减排路径和配额的设定、排放许可的分配模式、成本控制机制的制定、二级市场的构建和监管、排放量的测量与方法学的核定，以及与国际市场的对接等。结合排放配额交易制度的理论和经验，设计适合中国国情的排放配额交易制度，是我国节能减排政策制定亟待解决的重大课题，也是我们下一步研究的方向。

参 考 文 献

[1] Alberola E，Chevallier J. European carbon prices and banking restrictions：evidence from phase I（2005～2007）. EconomiX Working Paper Series，2007：32

[2] Alberola E，Chevallier J，Cheze B. Price drivers and structural breaks in european carbon prices 2005～2007. Energy Policy，2008，36（2）：787～797

[3] Christiansen A，Arvanitakis A，Tangen K，et al. Price determinants in the EU emissions trading scheme. Climate Policy，2005，5：15～30

[4] Convery F J，Redmond L. Market and price developments in the European union emissions trading scheme. Review of Environmental Economics and Policy，2007，1：88～111

[5] Kanen J L M. Carbon Trading and Pricing. Environmental Finance Publications，2006

[6] Rickels W，Duscha V，Keller A，et al. The determinants of allowance prices in the European emissions trading scheme：can we Expect an efficient allowance market 2008. Kiel Working Papers 1387，2007

[7] 张跃军，魏一鸣. 化石能源市场对国际碳市场的动态影响实证研究. 管理评论，2010，(6)：34～41

[8] Betz R，Sato M. Emissions trading：lessons learnt from the 1st phase of the EU ETS and prospects for the 2nd phase. Climate Policy，2006，6：351～359

[9] Demailly D，Quirion P. CO$_2$ abatement，competitiveness and leakage in the European cement industry under the EU ETS：grandfathering vs. output-based allocation. Climate Policy，2006，6（1）：93～113

[10] Demailly D，Quirion P. Changing the allocation rules in the EU ETS：impact on competi-

tiveness and economic efficiency. FEEM Working Paper 89, 2008

[11] Graichen V, Schumacher K, Matthes F C, et al. Impacts of the EU emissions trading scheme on the industrial competitiveness in Germany. Research Report 3707 – 41 – 501, UBA-FB 001177. UmweltBundesamt, http: //www. umweltdaten. de/publikationen/fp-df-l/3625. pdf. 2009 – 12 – 2

[12] Reinaud J. Climate policy and carbon leakage – Impacts of the European Emissions Trading Schemes on aluminium. International Energy Agency. http: //www. iea. org/Textbase/publications/free _ new _ Desc. asp? PUBS _ ID＝2055. 2009 – 12 – 2

[13] Ellerman A D, Buchner B K. Over-allocation or abatement? A preliminary analysis of the EU ETS based on the 2005～2006 emissions data. Environmental and Resource Economics, 2008, doi: 10. 1007/s10640-008-9191-2

【综述评论】

环境正义的科学化：政策、规范，以及科学的交错

□ 黄瑞祺[1][①]   黄之栋[2]

（1 台湾"中央研究院"欧美研究所；2 台湾交通大学通识教育中心环境史研究室）

摘要： 环境正义一词是指社会中的环境风险与危害不成比例分布的现象。也就是说，如果某个社会中的环境损益分配不平均，或是环境风险有向弱势群体集中的现象，这个社会就存在着环境不正义的问题。从概念上来看，环境正义这个词汇似乎再简单不过，事实上学者们对该词的内涵，一直存在着重大争论。不只如此，环境风险与危害的分布无法由肉眼看出，需要经科学研究才能确认环境不正义的有无。这样的特性使得环境正义、科学，以及政策三项议题紧密相连，也使得讨论的重心逐渐脱离了原始规范层次的讨论，而进入实践层次之中。本研究采取社会建构论的观点，把环境正义运动及其他学者的环境正义研究当成一个大的个案来探讨。作者认为，表面上科学研究好像已经为环境正义找到了出路，但实际上科学家们对环境正义问题的每一个点，都依然存在着重大争论。到头来，环境不正义现象的解决，还是要看一般民众如何理解此概念，以及民众愿意为社会中的弱势付出多少心力而定。

关键词： 环境正义 社会建构 风险 环境种族主义

---

① 黄瑞祺，通信地址：台湾台北市南港区研究院路二段一二八号；邮编：115；邮箱：rchwang@gate. sinica. edu. tw。

Making Environmental Justice Matter: Debating Knowledge, Research and Policy

Hwang Rueychyi, Huang Chihtung

Abstract: This article investigates the concept of environmental justice (EJ) by tracing its origins, the process of its shaping, reshaping, and its expansion to Asian countries. The idea that environmental policies and campaigns should aim for EJ is a relatively recent one, but it has proven to be widely attractive. Nonetheless, while many people or authorities claim to support the idea of EJ, there are deep and constant problems with the central idea. This research aims to problematize the very process of the construction of EJ research/movement by devising a comparative approach for looking at the adoption of the language of EJ in Asian contexts. This analysis demonstrates that the idea of EJ needs to be "translated" into new political and institutional contexts. This translation is however by no means straightforward; a good deal can be "lost in translation". As a result, much effort, this research argues, should be made in suiting the measure to local conditions.

Keywords: Environmental justice (EJ)　Social constructionism　Risk　Environmental racism

1 绪论: 环境不正义是什么

自 20 世纪 80 年代后期以来人们开始注意到, 尽管大家都希望享有清新的空气、干净的饮水与健全的环境, 法律也明文规定这类权利为大众所共享, 但实际的情况却是每个人对自己身处的环境, 有着截然不同的体验: 高级住宅区绿意盎然、鸟语花香, 但也有许多地方的空气污浊、巷口脏乱, 更有些地方受到工业废弃物的严重污染。很显然, 虽然大家都对所处的环境有所期待, 但由于环境的损益 ("goods" and "bads") 不是平均分配的, 社会中往往有一群人享受了绝大多数环境所带来的利益, 却让他人去承担自己所制造出的环境恶果。当社会中有一群人承担了不成比例的环境风险与危害时, 学说上把这个社会称为

环境不正义的社会[1,2]

为了描述这种不成比例的风险承担，社会学家们创建了一系列与环境正义相关的用语〔如环境种族主义（environmental racism）、环境公平（environmental equity）等〕，希望激起民众对环境不正义的理解。在此同时，为了理解环境不正义的成因，学者们也开始进行一连串调查与研究，希望借此提供正确的信息来敦促政府正视并有效回应这类由环境负荷不公正分配所产生的问题[3]。在社会运动工作者与社会科学研究者的努力下，环境正义的概念渐渐为大众所理解，环境正义运动也随之如火如荼地展开。

2　环境运动的兴起：从美国到亚洲

环境正义运动的诞生可以追溯到 1982 年。当时位在美国北卡罗来纳州的华伦郡（Warren County），发生了一起震惊全美的反对有毒废弃物填埋场的社会运动。在这个运动里，华伦郡与周围各郡的居民联合起来，共同反对多氯联苯（PCB）的废料储存设施在当地兴建。不同于以往的邻避现象（不要在我家后院现象；Not-In-My-Back-Yard，NIMBY），华伦郡的居民之所以组织起来反对填埋场的兴建，除了反对可能对人体产生危害的有毒废弃物之外，更重要的是他们认为政府官员之所以批准该场的兴建，是出于种族的考虑。

华伦郡是北卡罗来纳州较穷困的郡之一，当地居民以黑人居多，因此当时参与抗议活动的居民们认定，这个 PCB 处理设施的兴建与选址和当地的种族构成脱不了关系。换言之，居民们认定政府与填埋厂场主看准了当地黑人区缺乏政治影响力与动员能力，才有针对性地把垃圾场兴建于当地。这种带有种族主义的选址方式，除了可能危害居民健康之外，无疑也对黑人的人权造成了严重的侵害[4,5]。虽然华伦郡的反对运动最后未能有效阻止废料储存厂兴建，还以警民冲突与多人被逮捕收场，但这起事件却引起了美国民众与政治人物对环境风险不平均分配问题的重视。

由于美国社会长久以来都存在着黑白冲突的问题，当黑人人权运动者发现白人政府把垃圾场放在黑人郡时，过去种族歧视与黑白隔离政策的阴影立刻成为引爆点。在华伦郡个案之后，各种以追求良善环境（decent environment）为名的反对运动四起。在环境正义运动的刺激下，政府与各大研究机构纷纷开始探究健全的环境是否公平分配的问题。学者们想知道的是，华伦郡的案例究竟是个案，还是冰山一角？如果华伦郡问题只是个案，那么政府要做的就是对居民的善后问题而已；若华伦郡问题是过去种族歧视的再现，那么政府就必须有一套完整的对策，来解决种族歧视在环境问题中借尸还魂的问题。华伦郡事件之后，多份环境负荷分配与蓄积的调查报告显示，美国各州废弃物处理设施的厂址，明显有往有色人种或低收入社群聚集的"倾向"，这证实了美国境内环境不公正的问题是常态而非个案。环境不正义开始受到各方高度关注，并迅速发展成一种政治问题。

在历经三十多年的努力后，环境正义运动日渐受到国际媒体与各国政治人物的关注，特别是在卡特里娜飓风（Hurricane Katrina）横扫美国南部名城新奥尔良并产生灾难性后果后，激发人们关心社会底层与少数族裔所受到的待遇问题。新奥尔良地区横尸遍野的悲惨情景，更是举世震惊。虽然民众事前都知道这是一个破坏力惊人的超级飓风，也知道要事先疏散他处，但还是有很多老弱妇孺（多数是黑人与穷人）想走却走不了。飓风当然是天灾，但当死伤者尽是黑人与穷人的时候，就不免令人怀疑政府的政策是否有差别待遇，使得特定群体被困城中[①]。

在这样的国际环境催化下，亚洲各国政府与民间也开始关心社会中不同族群与阶层所面对的环境风险分配问题，这更促使各国环保团体开始反思环境运动的目的，并逐渐转化环境保护议题的核心，把原本只重视"环境"保护的运动重点，渐次转移到环境损益与风险的公平配置上。虽然各国环保团体已日渐重视环境损害与社会弱势间的关系，当其他国家积极汲取美国环境正义运动的精髓时，却发现美国的经验无法完全移植，美国环境不正义的问题也没有随着政府的重视而缩小[6]，一旦本土运动推动者发现全盘接受他国环境正义的概念与政策，无法解决本土社会所面对的独特问题时，如何将环境正义运动本土化，就成了当务之急。

在本土化环境正义运动之前，运动工作者遇到的第一个问题是：本国真的有环境不正义的问题吗？在看完华伦郡的案例后，大家可能会得到一个印象，认为美国社会一定有相当深刻的环境不正义问题，因此三十年来政府与民间都致力于环境不正义现象的解决。然而，作为一个关心环境议题的人，我们要如何确定环境不正义存在于我们的社会中？又要怎么确定环境不正义到底有多严重呢？这两个问题牵涉到现代社会中科学知识所扮演的角色，以及环境议题如何"被问题化"（被建构）的问题。

---

① 美国社会科学界对该飓风的分析，参考：http://understandingkatrina.ssrc.org/。

3 环境正义的社会建构

当代环境问题与以往的社会问题，有一决定性的不同点。讨论当代社会问题多是从伦理或道德的角度出发的，但现今的环境问题却是从事实来开展论述的。比如说，当我们说要禁止 DDT 的使用时，当中固然有维护生态环境与确保人体健康等伦理上的理由，但在陈述这些理由之前，我们必须先经过科学的分析来确认 DDT 对环境与健康的影响。基于此，当代环境议题大多直接与事实或科学知识的使用相联系[7]。从这个角度来看，科学知识在广义环境运动中扮演了关键的角色。科学的这种特殊地位，在那些既看不见、也摸不着的环境风险中尤其明显。对这些肉眼无法观测的环境风险，不但环境风险的存在要靠科学来确认，量度风险所带来的实害也得靠科学来测量，即便到了最后治愈损害的阶段，还是得靠科学来完成。

由于环境正义的概念试图结合传统的环保运动，并同时追求公民权的行使与社会正义的实现，如同先前的环保运动一样，环境正义运动在探讨环境正义问题时，也依赖科学的分析作为其立论的基础。科学可以说是推动环境正义运动的幕后推手。不过，由于环境正义也涉及了对"正义"的探讨，因此，环境正义一方面依赖科学为后盾，另一方面也从伦理上强化立论的基础。环境正义可以说是介于社会问题与环境问题间的中间类型。问题是，环境问题有千百种，我们为什么非得谈"环境正义"不可？美国与亚洲诸国都用环境正义一词，但他们讲的东西是一样的吗？不只如此，不同的学者对何谓环境不正义有着截然不同的见解，这使得不同定义下进行的社会调查，对环境不正义的范围与严重性有着迥异的认知差异。这样的差异发展出不同学派间的分歧与争执。不过，在环境正义运动里我们通常只会听到一种学派的见解，其他学派多被有意无意地忽略了。换言之，真正的问题也许不在于环境正义存不存在或有多严重，而在于谁取得了环境正义的发言权。

总之，探讨环境正义不能再像以前一样，希望静态地借助社会调查来反映出社会事实，最后产出最适当的政策。我们必须把整个环境正义的研究看作是一种动态的过程，探讨"谁（何人）"用了"什么方法"定义了环境正义的议题。不仅如此，我们还要继续追问这些人"为什么"要采取这样的定义，以及这个定义有没有意识形态嵌入其中，这些意识形态乃至偏见会产生何种影响，等等。以下我们就先来看看环境正义这个概念是如何在美国被建构的。

4 环境正义的特征

总的来看,环境正义运动所追求的目标有"实体(分配)正义"与"程序正义"两种[8]。程序正义是指国家在决策作出前,必须先践行某种程序(如听证会、协调会),让受影响的民众获得充足的信息,了解这个政策可能产生的影响,然后居民才决定是否接受该决策所带来的环境风险。当然,有时双方无法达成协议,此时政府必须履行协商与补偿的程序,来达到政策过程的正义。由于程序正义重在强调人们参与决策并表达意见的权利,因此程序权有时亦被称为参与权(participative rights)。程序正义在环境正义十七点原则①中特别被强调:

7. 环境正义要求在所有决策过程的平等参与权,包括需求评估、计划、付诸实施与评估[9]。

实体的环境正义探讨环境的损益应该怎么分配才公正的问题。一般来说,学者认为如果社会能找到一套分配原则(principle of distribution)来分配各种损益,则分配的结果比较容易是公正的。不过,由于这套公正的分配原则可以从不同的角度来观察,故不同正义观之间可能是相冲突的[10,11]。首先,从功利主义的角度来观察,此派学者认为正义是在追求"最大多数人的最大幸福",因此只要某个垃圾场是为了公共利益而兴建的,即便小部分的人承担了大部分的损害,该决策依然是正义的。通常政府机关倾向采取这种看法,因为一般认为政府的施政来自于民众的税收,政府不能只照顾特定群体的利益,而必须妥善保护一般大众。其次,主张新自由主义(neo-liberalist)的人强调市场与竞争的重要,他们认为只要某个垃圾场的兴建是市场自由竞争的结果,那么这个垃圾场不管建在哪里都是正义的。很显然,在商言商的垃圾场开发商比较支持此类观点,因为成本的问题是他们的主要考虑。对开发商而言,只要这个场设置的成本是最低的,其他的事情都与他们无关。最后,强调社会正义的学者则认为谈论正义的目的是在保护弱势。因此,如果垃圾场被建在黑人区等弱势区域,这个场就是不正义的设施。当然,污染的受害群体或关心社会弱势的群体比较会支持最后这种观点,认为政府的政策应该要考虑到社会的弱势群体。对于这几种理论,我们加以整理,如表1所示。

---

① 此十七点原则是1991年,美国华盛顿召开的"第一届全国有色人种环境领袖高峰会"(the First National People of Color Environmental Leadership Summit)上所通过的。具体的内容可参考:http://www.ejnet.org/ej/principles.html。

表 1　不同正义主张的类型
Tab. 1 The typology of environmental justice

学派	观点	正义的目标	采取此主张的人
功利主义	保护大多数人	使社会大众（公众）的福祉最大化	政府部门
新自由主义	保护自由竞争下的强者	最大化自由竞争	营建商或垃圾场的所有人
社会正义	保护社会中的最弱势	使弱势的负担最小化	弱势群体或关怀弱势群体的团体

　　从表 1 中我们发现，虽然每个人都说他支持环境正义，但我们对于什么是
环境正义其实没有共识。当我们说垃圾场不应该被设在穷人区才是正义的时候，
我们其实是从社会正义的角度出发的；对开发商与政府官员而言，他们可能认
为垃圾场一定要建在穷人区才是正义的①。

　　在程序正义的讨论里，虽然学者间对什么才算"充足的信息"偶有争执，
但绝大多数的意见都认为直接受影响的个人或群体应该有权表达意见。因此学
说间存在着基本的共识。但实体正义则不然，因为实体正义涉及"怎么分配才
算公正"或"怎样才算（环境）正义"的问题，从不同的角度出发，对同一个
问题可能会有截然不同的理解与解决法。因此，在环境正义的实体讨论中，就
连不正义到底存不存在都会产生争论②。

　　我们已经提过，环境正义既有社会正义的伦理面，又兼具环境议题重视事
实面。这个特征具体反映在环境正义的实体研究上，由于科学证据的提出是日
后矫正环境不正义的基础，因此环境正义的支持者相当依赖科学证据的权威性，
希望借助科学来说服公众与有关单位。简单来说，环境正义运动希望借助科学
证据来强化论述的正当性。因此，学者大多运用统计的方法，计算出废弃物处
理设施的空间分配情形，并推导出不同群体或收入阶层间的环境损益分配，最
后具体"证明"现今社会中有无环境不正义问题的存在。但由于对问题的定义
有别，在调查时收集资料的方法也有异，连带影响了对问题成因的看法。换言
之，虽然大家看似都在谈环境正义，事实上却是在各说各话。因为从问题的定
义到政策的提出乃至于问题的解决，这整套议题的每个环节都有争议。换言之，
实证取向的"科学"研究其实是包裹了一层科学的外衣在讨论哲学问题。

---

　　①　有人可能会问，为什么主张垃圾场一定要设在穷人区才是正义的？换一个角度想可能比较容易了
解。因为穷人住的地方地价比较便宜，所以在这里设厂营运成本也比较便宜，如果这些成本可以完全反
映在价格上，那么连带地每个人所付出的垃圾清理费也会便宜一点。问题来了。我们愿意多付多少钱来
保护弱势呢？
　　②　比方说，假使我们采取效益或市场价值的观点来分析环境正义问题，我们可能会认为只要最后整
个社会所获得的利益是最大的，那么把垃圾场放到黑人区去也没什么不对。但如果我们认为正义的目的
在于增进最不利群体的利益的话，把垃圾场放到黑人区（社会中最不利的群体）就是不正义的。

5 环境不正义形成机制的争论：三波环境正义研究浪潮

我们已经说过，实证研究之所以被认为是科学的，是因为学者运用统计的方法，计算出废弃物处理设施的空间分布，然后推导出不同群体或收入阶层间的环境损益分配。在比较不同群体与收入间的垃圾场分布后，我们就可以知道社会中到底有没有环境不正义的问题存在。上面这个看法有几个值得讨论的地方。首先，我们真的可以不带偏见且"科学地"分析出垃圾场的分布状态吗？其次，所谓的分配正义是经由比较而来的，既然如此，那我们应该拿什么来作为环境正义的比较基准？最后，分配的原则涉及到不同的哲学观，不同的研究有没有隐藏特定的观点在其中呢？为了说明这三个问题，我们有必要从观念史的角度对环境正义的演进稍加分析。

与环境正义运动相关的实证研究大致可以分为三个时期。第一波研究浪潮的涌现大约是在 20 世纪 80 年代华伦郡事件发生之后开始的，当时为数众多的大规模量化研究纷纷发表，此时期的研究重心设定在"有毒废弃物是否有不平均分配"的问题之上[12]。美国联合基督教会所组成的种族正义调查委员会（United Church of Christ Commission for Racial Justice，UCC）[13] 被认为是此时期的里程碑。UCC 研究了 415 个仍在使用，与 18 164 个已经关闭的商用有毒废弃物处理设施，他们的研究发现，这些设施的分布大都位于黑人社区，从而显示出强烈的种族歧视色彩。由于这是一个全国性的调查，由此可见环境不正义的问题已经弥漫美国全土。UCC 总结道：种族是这些填埋场选址与建场的最重要指标。

UCC 研究是第一份以全美为单位，研究种族与垃圾场分布的研究。这个研究奠定了"空间-人口"比较分析的方法。图 1 是 UCC 在 1994 年所公布的追踪报告。由图中我们可以看出两个重点：首先，UCC 确立了以"邮政编码"（zip codes）来作为分析单位。具体来说，垃圾场所在的邮政编码内有多少黑人，被拿来决定环境不正义存在与否的指标。其次，这个研究也使环境正义正式脱离传统的邻避运动，而成为追求"正义"的运动。以前述的华伦郡事件为例，争论者常攻击该运动，认为民众之所以不希望废弃物填埋场设在当地是为了保护自己家的后院，而没有考虑到社会整体的利益。由于华伦郡事件被解释成是在保护私利，争论者从而认为该事件与正义与否根本无关。但 UCC 报告明确显示全美各处的废弃物填埋场普遍比较容易被设在黑人区，可见黑人作为一个整体，他们承担了不成比例的环境负担（环境不正义）。把华伦事件放在这个脉络下，那么该事件就不再只是区域的邻避问题，也不是某个特定场区的问题了。换言之,居民可以主张他们之所以反对处理场在某处兴建,是因为不想加深原本就已经不成比例的环境负担,让已经承担不当风险的黑人社区变得更危险。基于此,环境正义运动正式摆脱了邻避的指责。

在 UCC 的研究发表后,为数众多的量化研究开始把焦点锁定在城市与州等不同层级之上。虽然当时绝大多数的研究都指出,少数群体与贫穷阶级比白人或中产阶级更可能暴露在环境风险下,值得玩味的是,纵使此时期的研究显示收入与肤色都可能影响环境风险的分配,当时的环境运动却独把"种族"当做推行运动的口号。因此,当时环境正义运动高举的旗帜是"终止环境种族主义"(stop environmental racism)而不是"终止环境不正义"(stop environmental injustice)[12]。一时之间,控诉"环境种族主义"成了最响亮的标语。

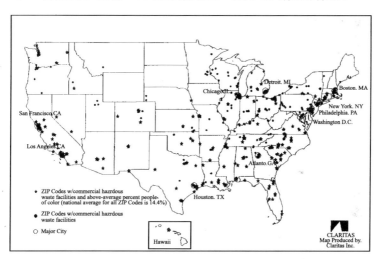

图 1 种族与垃圾处理厂的位置关系示意图：UCC 追踪报告①

Fig. 1 The racial and socioeconomic characteristics of communities
with hazardous waste sites：UCC revisited report

环境正义之父布拉德 (Bullard) 的名著——"倾倒在南方各州"(Dumping in Dixie)[14]也反映出上述"把环境正义问题种族化"的特征。在 1979 年,布拉德的太太承接了一桩人权问题的官司,受到他律师太太的委托,布拉德进行了一项休斯敦地区填埋场的空间分布调查,以供诉讼之用。在这个研究里,他确

---

① 由图中我们可以看出,美国版的环境正义研究希望知道全美各地的废弃物处理厂比较倾向设在哪里,而不是专注在个别的厂址研究。见：Goldman B A, Fitton L. Toxics wastes and race revisited：An update of the 1987 report on the racial and socioeconomic characteristics of communities with hazardous waste sites. Washington，D C，Center for Policy Alternatives. 1994。

认了相关设施周围的居民大都以黑人或西班牙裔居多。此后，他更撰写了一系列的相关论文，钻研垃圾场的空间分布，最后集大成之作就是上述的"倾倒在南方各州"。根据布拉德的研究，污染的不平均分布不只发生在休斯敦地区，而是遍及全美各处。他认为造成这种不平均分布的原因，是因为污染有寻求最小抵抗路径（path of least resistance）的倾向——污染者总是在寻找成本最小的地方，作为最终倾倒地。由于非白人的社区长久以来欠缺雄厚的社会资本（social capital），使得反对运动不易在这些地方集结。他把这种污染者寻求设址在社会资本薄弱之处的现象，称为"制度性的歧视"（institutional racism）。

由于第一波浪潮的诉求着重在"揭露"环境风险的不平均分配，这个时期又被称为"结果取向的研究途径"（outcome-oriented approach）[12]。总的来说，此时期的研究成功地将环境正义的议题推上了环境运动的舞台，使之在美国成为一个受重视的全国性议题。

20 世纪 90 年代起，第一波研究遭遇了严峻的挑战。新一波采取历史观点的研究者，开始强力驳斥种族与环境废弃物分配之间的关联性。UCC 的研究受到了来自麻州大学社会及人口研究所（University of Massachusetts' Social and Demographic Research Institute，SADRI）的强烈挑战[15]。在利用人口小区（census tracts）这个更小的空间分析单位来检视先前 UCC 的数据后，SADRI 发现 UCC 研究中显示出的少数群体与有毒废弃物处理场之间统计上的相关性竟然消失了。换言之，同样一批数据用不同的分析单位去分析：就会出现截然不同的结果。如果是这样的话，有没有环境不正义的存在，全看你选用什么分析单位去分析：用人口小区来做，环境不正义就不存在；反过来看，用邮政编码做的研究就会有环境不正义的问题①。

分析单位变更所产生的差异，可以从 Bullard 等[6]所做的分析比较中看出。图 2 左边的两个研究是第一波浪潮的经典，右边的两个则是第二波的代表研究。我们发现，当研究者把分析单位从邮政编码改成人口小区后，少数族裔居住地附近有垃圾场与没有垃圾场的比例大大拉近了。换言之，一旦分析单位改变之后，垃圾场就不再有往少数族裔小区聚集的倾向。从而，第二波研究者主张，美国环境不正义的问题其实不存在或至少是不明显的。

SADRI 率先发难后，第二波运动的旗手纽约大学法学院教授宾（Been）[16,17]也在同一时期，奋力驳斥了种族与垃圾场场址选定的关联，她先选定了环境正义之父布拉德的研究作为研究的标的，然后仔细检视了当中的盲点，

---

① 此问题牵涉到地理学上"可变动空间单元问题"（The Modifiable Areal Unit Problem；MAUP）的问题。简单来说，我们可以把同一地表平面用不同的方式来划分。由于划分的方式不同，经过计算之后得出来的数字也会不同。此问题我们无法深入探讨，作者将会另文处理。

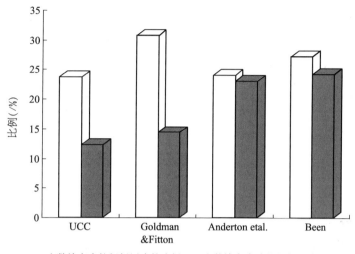

□ 少数族裔在垃圾场周边的比例　■ 少数族裔在非垃圾场周边的比率

图 2　第一波与第二波研究结果之间的差异①

Fig. 2　Comparing results of past studies using zip-code and census tract methods

她发现布拉德研究的垃圾场场址中,有很多是在 20 世纪 20 年代兴建的,这当中有很多填埋场在 20 世纪 70 年代前后早已关场,却还是被布拉德列入计算。她因此质疑布拉德的研究错置了"时间"这个重要的因素。此外,布拉德的研究也存在着重复计算,以及对何谓垃圾场外围等定义不清的问题。在剔除了上述错误之后,二十五个布拉德选定的场址中只剩下十个。前一波研究的正确性在她的研究之后,受到了重创。

除了批评布拉德的研究之外,宾同时确立了"过程取向"(process-oriented approach)的研究途径[12]。借着研究垃圾场址外围居民的移住状况,她指出第一波研究者口中的环境种族主义,可能归于房价的诱因。换言之,为什么垃圾场边总是住着黑人,可能不是来自布拉德所说的"制度性的歧视",而是因为黑人自己搬到垃圾场边去的。当然,如果有能力的话,没有人愿意住到垃圾场旁,但正因为没人喜欢与垃圾场为伍,垃圾场边的房价也一定低于一般住宅区。也就是说,由于美国的黑人通常社会经济地位较低,因此无法负担高额的房价住到较好的小区里,由于垃圾场的设置往往导致房价暴落,这会吸引更多黑人移住该区。假设我们观察黑人尚未移入之前这些区域的人口构成,则这些区域根

————————

　　①　此处左边的两个研究属于第一波,右边两个则属第二波。我们可以看到在把分析单位从邮政编码改为人口小区之后,黑人在垃圾场边的比例缩小了。更细腻的比较可参见: Bullard R, Mohai P, et al. 2007. Toxic Wastes and Race at Twenty, 1987~2007; Grassroots Struggles to Dismantle Environmental Racism in the United States. " New York: United Church of Christ: 44。

本是黑白混合的社区。由于前一波结果取向的研究忽视了历史的因素，因此，根本无从判断为什么垃圾场的外围总是以黑人居多。当然，过程取向的研究隐含了一个论断，亦即即使从结果的角度来看，现在居住在场边的大多是黑人，但该场场址的选定本身可能不是来自歧视，更不是什么"制度上"的环境种族主义。宾强调，只要市场仍以现存的财富分配方式来配置财货与服务，那么到最后，如果有毒废弃物处理设施没有使得穷人承受不成比例的负担，那就真的太不可思议了[17]。

这种论断背后的逻辑是：因为废弃物处理厂周遭的房价通常较低，所以低收入户"自愿"选择居住在垃圾场边。既然他们是自愿住在那里的，假设我们要强制这些填埋场搬迁，等于是要这些低收入群住到他们根本负担不起的地方去。这么一来，只负担得起垃圾场边房价的黑人可能会流离失所，让这些人露宿街头难道就比较"正义"吗？

在宾开启战火之后，新的争论四起。学者们开始质疑环境不正义发生的真正范围，以及导致这些不平等的形成机制（causal mechanisms）。虽然过程取向的研究者，大多还是承认种族与收入都是影响废弃物处理设施设置地点的要因，但仍质疑环境不正义在美国境内是否是一个全国性的问题。此时的研究者强调，环境正义的研究不该把重心放在揭露当前是否有环境风险不平均分配的问题上，而更应该关心不平均分配的形成机制[18]。当然，如果不以历史的经纬来审视有毒垃圾处理设施的选址与现今居民人口结构的关系，而只单从结论的角度检视该设施分布，那么研究者根本无从判断不平均分配的成因为何，更无从确定弱势群体是否受到了"歧视"。

从历史的角度出发，过程取向的研究者将不成比例的风险承担，区分为意图性的偏见［intentional prejudice，有时又称为单纯的歧视（discrimination）］和市场的力量（market force）两种原因。他们强调如果不平等的风险分配来自设场时的意图性偏见［即种族考虑，因为这里是黑人社区，所以"故意"把垃圾场设在这里］，那毫无疑问地会构成环境不正义（或环境种族主义）；反过来看，假设设厂当时不是出于种族考虑，那么即便最后由于市场的动力使黑人聚集在垃圾场外围，这种结果上的风险不平均分配，根本就不是一种歧视，也称不上是一种不正义。总之，只有单纯的偏见才构成歧视，如果不平等源自于市场机制，那么此种不平等只是市场机制下可预期的结果而已，根本不应该被冠上不平等或不正义的帽子。

过程与结果两种研究途径之争，直至今日仍尚未平息[19]，但到了2000之后，又兴起了新一波决策取向的研究途径（decision-making approach）。不同于前两波的争论，新一波的研究者检视了过去的研究成果，希望从中归类出最适合被政策采纳的实证研究类型。博温（Bowen）[20]回顾了30年来的42篇重要论文后，依照他们是否达到合理的科学标准（reasonable scientific standards），将这些研究归类为低、中、高三种不同的水平。他强调只有高水平的研究才可以作为决策的参考。他认为越是第一波的研究，越有可能是低质量的研究。

在评估了这些文献之后，他总结出一个与一般环境正义运动认知根本相反的看法——也就是从全国的层次上来看，种族与垃圾场场址之间根本不存在任何清楚的统计上相关。这些废弃物填埋场，似乎是座落在那些白人工人阶级工业区里，这些小区高度聚集了从事工业且住在低于平均房价房屋的居民[20]。

对于那些所谓的"高质量"研究，博温虽然承认当中确实显示了某些地方的层级（local-level）的风险不平均分布状态。即便如此，由于整个环境正义的基础实证研究仍处于低度发展的状态，任何以科学之名所下的结论都言之过早。他语重心长的警告环境决策者，要他们了解目前所有以收入与种族开展的风险分配论述都具有高度的不确定性，现在采取行动只是劳民伤财而已。自此，博温几乎完全否定了环境不正义的存在，更彻底动摇了环境正义运动多年建立的正当性基础。

6　正义的冲突：科学研究中的价值判断

在观察了环境正义的实证研究的演变之后，我们发现所谓的"科学证据"其实是不断变动的；同样的，环境（不）正义的范围与内涵也持续地随着时间在变迁。

首先，科学真的"证明"了环境不正义的存在吗？这得看此处说的科学指的是哪一波浪潮里的"科学"而定。在第一波浪潮里，科学证据显示收入与种族在全国的范围中都起着作用。进入第二波研究后，虽然研究者还是承认收入与种族的重要，但却宣称环境不正义只是地方性的问题，而非全国性的议题。除此之外，此时的研究者进一步要求学界转变研究方法与观察重心，这使得环境正义的研究由结果取向转向过程取向的研究上去。最后，到了第三波浪潮后，种族议题完全被逐出研究范畴之外。虽然这波研究者还是承认收入影响了地方层次的厂址选定，但却强调因为整个研究尚不完备，因此纵然是高质量的研究，也不应该在决策过程中讨论。

其次，分配正义的比较基准是什么？第一波研究者用的是断代史的方法，把现在黑人小区的垃圾场数量，直接拿来跟白人小区所分配到的垃圾场数值作比较，然后断定黑人分到的垃圾场比较多，所以承受了"不正义"。第二波研究者则认为，应该拿垃圾场兴建时的人口数据作为比较的基准，因为现在的黑人小区以前可能是白人小区，拿现在的数据来与过去对比本身根本就没有意义。第三波理论家们没有直接回答这个问题，但因为第一波的研究被认为是低质量的研究，所以他们应该比较倾向支持第二波的观点，不过因为现阶段对环境正义的了解实在太有限，所以第三波学者可能认为回答这个问题还言之过早。

最后，这三波号称科学的研究里有没有隐藏特定的价值判断？第一波研究者之所以采取结果取向的研究方法，其实蕴含了"垃圾场所造成的最终伤害是一样的"的假设。换言之，就算垃圾场一开始不设在黑人区，但是现在是黑人在承受苦果，只要有人在承受环境风险，社会或政府就不能坐视不管。第二波学者把"选择居住地的自由"放在第一位，认为如果场址的选定是出于歧视的意图，这当然是不行的。但如果是黑人自己搬到垃圾场边去住，则政府不该插手这个问题。市场机制的运作自然会解决谁应该住到哪的问题，政府的介入只会越帮越忙，最后还可能会让垃圾场旁的居民流离失所。第三波的理论乍看之下是一种折中说，似乎没有特定的立场，只是强调不确定的因素还太多，所以应该从事更多的研究，先搁置这些问题。

事实上，搁置问题本身也是一种立场的选择。根据第一波学者的看法，黑人很有"可能"承担了绝大多数的环境风险，纵使第三波学者认为第一波的研究多是低质量的研究，但"万一"这些第一波学者是对的，那就失去了早发现、早治疗的机会。此外，环境正义研究中有所谓"多少才算多，以及多少才算少"[21]的争议。我们都知道核电厂的放射有害健康，但自然界中也存在着天然的放射。我们不可能也没必要完全不接触放射性物质，只需要避免接触"过多的"放射即可。可是多少才算过多呢？或说，住在核电厂半径多少公里之外才是安全或正义的呢？同样的，要有多少高质量的研究才算真正了解环境不正义的问题呢？把第三波的理论推到极端，似乎不太可能完全了解"环境正义"（如果真的存在绝对环境正义的话），这么一来是不是除了继续研究，什么都不用做了呢？可见，选择袖手旁观本身也是一种价值判断。我们将前述三波浪潮中，研究问题、分析单位与正义观等加以整理，如图 3 所示。

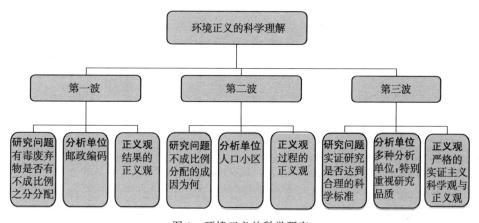

图 3　环境正义的科学研究

Fig3.　Scientific understanding of environmental justice

7　结论：科学与环境正义的极限

　　由于环境正义一词之中有"正义"二字，大概没有人会反对环境正义。问题是，到底什么才是环境正义，学界其实没有定论。环境正义运动的推动，不是一蹴而就的，也不能只依赖一两个研究，唯一能依靠的是对正义内涵的不断反省与思考。在理解不同理论家对不同正义观的阐述后，才能进一步思索不同观点所隐含的利弊得失。然而，要增进社会中的环境正义，不能只靠逻辑的推演与哲学的思辩，还必须仰仗科学知识才能加以确定。若是没有科学知识的介入，我们根本无法确定工厂选址的"倾向"。然而，在经过上述三次浪潮的洗礼之后，各种实证研究中异质化的倾向已愈见鲜明。环境正义运动若是希望继续推展，就必须从理论层次来证实正义的内涵，唯有如此才能进一步引导科学，使之协助划分出（不）正义的范围。对此，我们提供以下几点政策建议，供环境正义后来者参考。

　　就短期来看，倘若各国认为美国型的环境正义可供借鉴，则宜仔细思考支撑起此种环境正义的相关法令建制与学理基础。对此，有几点特别值得注意。首先，关于环境正义的定性问题，必须注意区分环境正义与公害案例的异同。经过上面的讨论我们已经很清楚地看到，美国型的环境正义不是在讨论公害问题，也不关注一个个单独的邻避设施，讨论的重心放在：作为一个整体，这些设施有没有向特定阶层分布的"倾向"。由于环境正义与公害案件处理的对象不同，因此美国政府才特别颁布 12898 号环境正义行政命令 (Executive Order 12898①) 来解决此问题。对于单独的邻避设施与这类设施延伸出的公害问题，通常归清洁空气法、联邦水污染控制法等污染防治相关法令来管制。既然污染的问题已可在既有的法律体制中处理，在污染的问题上引入环境正义这个名词不但无助于公害防治的实现，也有混淆现行法律体制之虞。总之，美国"空间-人口"型的环境正义，是在讨论垃圾场有没有往特定群体聚集的"倾向"，而不是在讨论某个地区污染的有无或公害的严重程度。

其次，倘若决定引入"空间-人口"型的环境正义模式，则该国势必也得引进相关配套法令。此问题相当复杂，此处仅列举两个作者认为最重要的问题，以供参考与进一步讨论。第一个问题牵涉到环境权与平等权的诉讼资格确认。美国型的环境正义有其美国黑人人权运动的背景，在这个脉络下"权利"的行使与主张相当重要。换言之，光是政策性的宣传重视环境正义是不够的，国家必须进一步赋予人民依法提起诉讼的资格。对于一般公害问题，污染一旦发生受害者依法诉请赔偿，此乃环境法的基本原则，实无疑问，但环境正义的诉讼基础是，垃圾场已经普遍有往黑人区集中的"倾向"了，因此某区的居民诉请法院发布禁令，禁止某场在当地兴建②。这类诉讼明显是由美国人权诉讼延伸出来的，事关平等保护与环境权（人人有权共享优质环境）的行使，这就不是一般环境法理所能涵盖的了。具体来说，当事人的什么权利受到侵害？如果该厂符合各项国家所制定的标准，光是垃圾场普遍有往黑人或穷人区集中的"倾向"是否就构成权利侵害而可以要求关场？环境正义的请求权人是谁？如果请求权人指黑人与穷人，是否意味着白人与富人不需保护（无法提起诉讼）？这些问题都有待立法解决。第二个值得注意的问题是，支撑起美国环境正义的另一个支柱是信息的公开。如同我们在正文里分析的，"空间-人口"分析是以垃圾场所在地为中心开展的。对于垃圾场场址、排放毒物种类、排放量等信息，国家必须立法列册并公布信息，如美国的毒物排放管制清单 (Toxic Release Inventory, TRI) 就列管并公布了重要毒物排放场址的各种信息。有了这类的信息，才能进行比较分析，前述环境正义诉讼也才有诉讼的依据。总之，环境正义不只是个名词而已，一旦我们决定采纳环境正义的概念，接下来的制度建置必须要有严密的规划。才能避免环境正义成为一种没有执行力的政策宣示。

就中长期来看，环境正义理论家与运动工作者必须严肃面对环境正义到底是什么的问题，以及我们的社会到底需要怎样的（环境）正义的问题[22,23]。具

---

① 相关条文见：http://www.archives.gov/federal-register/executive-orders/pdf/12898.pdf 。

② 美国法院相关判例请参见：Bean V. Southwestern Waste Management Corp.，East Bibb Twiggs Neighborhood Ass'n V. Macon-Bibb County Planning & Zoning Commission, and R. I. S. E. V. Kay。

体来说，我们必须理清环境正义（一种特殊的正义类型）与普遍正义的关系，也必须梳理这个特殊正义与其他特殊正义之间的关系。简言之，假使环境正义是可欲的，那人们可能据以主张"健康正义"、"教育正义"、"垃圾正义"等各种各样的正义，如何处理这类特殊正义即成为问题。例如，近来学者试着从环境正义中扩张解释出新的规范，如饮食正义[24]、休闲正义[25]、整洁正义[26]、涂鸦正义[27]等。由于社会中每种资源与风险都可能有不成比例分配的现象，从而这些"正义/不正义"都是可能存在的。以饮食习惯为例，美国中下阶层的民众常把汉堡等垃圾食物当成主食，这种饮食特征增加了中下阶层民众心血管疾病发生的可能①。人们甚至可以创造一种"汉堡不正义"（在亚洲社会可能是方便面不正义），来形容此等不正义现象。当然，这些特殊的正义形态可以无限扩展下去，但这种无限扩展的特征会使政策制定陷入两难。倘若决策者替环境正义划出了具体的范围，则该定义下的环境正义比较容易实现；反过来看，一旦严格限定了环境正义的界限，在很大程度上这也限制了我们解释环境正义的空间。后者对环境正义规范性的意义影响尤巨。

就目前来看，公正、公平、正义等规范都已蕴含在各种环境相关法规中[23]。在这种情况下，决策者在制定并擘画"正义"的蓝图时，必须仔细思考我们是否真的需要挂一漏万地替每种特殊的正义观一一制定规则，还是说决策者可以考虑直接制定一套普遍的正义规范（如反歧视或平等保护等规范），再从这个普遍的规则出发，经由解释来具体实施到个别的情况下。如此一来，环境正义既可保有原有的弹性与空间，又可以避免现枝节过多的困扰。换言之，我们需要的也许是一套"平等保护"的一般规则，由这个普遍的规则出发，具体的特殊正义可以经由规则的解释一一实现。当然，一般平等保护规则建立的影响范围远比具体的环境正义法规要来的广。各国法令不同国情也有异，我们无法一概而论地主张所有国家都一定得有这么一套规范，但可以确定的是，环境正义谈到最后就一定会遭遇此问题，及早讨论，及早应对，相信是我们迈向正义的第一步。

参 考 文 献

[1] 黄之栋，黄瑞祺. 正义的本土化：台湾对欧美环境正义理论的继受及其所面临之困难. 应用伦理评论，2009，(46)：17～50

[2] 黄之栋，黄瑞祺. 环境正义的经济向度：环境正义与经济分析必不兼容. 国家与社会，

---

① 或是我们可以反过来说，垃圾食物使新血管疾病好发于特定社群之中，从而产生了所谓的饮食不正义。

2009，(6)：51～102

［3］ Maples W. Environmental justice and the environmental justice movement. *In*：Bingham N，Blowers A，Belshaw C. Contested environments. Chichester：Wiley in Association with the Open University，2003：213～250

［4］ McGurty E M. Warren County，NC，and the emergence of the environmental justice movement：unlikely coalitions and shared meanings in local collective action. Society and Natural Resources，2000，13（4）：373～387

［5］ Ringquist E J. Environmental justice：normative concerns，empirical evidence，and government action. *In*：Vig N J，Kraft M E. Environmental policy：new directions for the twenty-first century. Washington，D C：CQ Press，2006：249～273

［6］ Bullard R，Mohai P. Toxic Wastes and Race at Twenty，1987～2007：Grassroots Struggles to Dismantle Environmental Racism in the United States. New York：United Church of Christ，2007

［7］ Hannigan J A. Environmental Sociology. London：Routledge，2006

［8］ Council on Environmental Quality. Environmental justice：guidance under the national environmental policy act. Executive Office of the President，White House，1997

［9］ 纪骏杰. 环境正义. 见：生物多样性人才培育先导型计划计划推动办公室. 生物多样性—社会经济篇. 台北，"教育部"九十三年度生物多样性教学改进计划. 教材编撰计划. 2006：27

［10］ Dobson，A. Justice and the Environment：Conceptions of Environmental Sustainability and Theories of Distributive Justice. Oxford：Oxford University Press，1998

［11］ Davy B. Essential Injustice：When Legal Institutions Cannot Resolve Environmental and Land Use Disputes. Vienna：Springer，1997

［12］ Williams R W. Getting to the heart of environmental injustice：social science and its boundaries. Theory and Science，2005，16（1）

［13］ United Church of Christ. Toxic Wastes and Race in the United States. New York，United Church of Christ，1987

［14］ Bullard R D. Dumping in Dixie：Race，Class，and Environmental Quality. Boulder Oxford：Westview Press，1990

［15］ Anderton D L，Anderson A B. Environmental equity：the demographics of dumping. Demography，1994，31（2）：229～248

［16］ Been V. Locally undesirable land uses in minority neighborhoods：disproportionate siting or market dynamics. Yale Law Journal，1994，103（6）：1383～1422

［17］ Been V. Market force，not racist practices，may affect the siting of locally undesirable land uses. *In*：Petrikin J S. Environmental justice. San Diego，Calif.：Greenhaven Press，1995：38～59

［18］ Weinberg A S. The environmental justice debate：a commentary on methodological issues and practical concerns. Sociological Forum，1998，13（1）：25～32

[19] Pastor Jr M, Sadd J, Hipp J. Which came first. Toxic facilities, minority move-in, and environmental justice. Journal of Urban Affairs, 2001, 23 (1): 1~21

[20] Bowen W. An analytical review of environmental justice research: what do we really know. Environmental Management, 2002, 29 (1): 3~15

[21] MacGregor D G, Slovic P. How exposed is exposed enough? Lay inferences about chemical exposure. Risk Analysis, 1999, 19 (4): 649~659

[22] Noonan D S. Defining Environmental Justice: Policy Design Lessons from the Practice of EJ Research. Washington, D C: Annual APPAM Conference, 2005

[23] Noonan D S. Evidence of environmental justice: a critical perspective on the practice of EJ research and lessons for policy design. Social Science Quarterly, 2008, 89 (5): 1153 ~1174

[24] Alkon A H, Norgaard K M. Breaking the food chains: an investigation of food justice activism. Sociological Inquiry, 2009, 79 (3): 289~305

[25] Floyd M F, Johnson C Y. Coming to terms with environmental justice in outdoor recreation: A conceptual discussion with research implications. Leisure Sciences, 2002, 24 (1): 59~77

[26] Burningham K, Thrush D. Rainforests Are a Long Way from Here: the Environmental Concerns of Disadvantaged Groups. York: York Publishing Services Ltd, 2001

[27] The Scottish Executive. Choosing Our Future: Scotland's Sustainable Development Strategy. Edinburgh: The Scottish Executive, 2005

征稿通知

【刊物宗旨】

《环境经济与政策》由中国科学院虚拟经济与数据科学研究中心、环境保护部环境规划院、中国人民大学环境学院主办、中国环境科学学会环境经济学分会提供学术支持、科学出版社出版的一份环境经济与环境政策的专业学术刊物，每年出版两期。

《环境经济与政策》坚持学术为主，采用国际学术刊物通行的匿名审稿制度，倡导严谨的学风，鼓励理论与实证研究相结合，为中国的环境经济与环境政策研究者提供一个论坛。

《环境经济与政策》设"研究论文"、"综述评论"、"政策动向"和"书评"等栏目。"研究论文"栏目发表原创性的理论、实证研究文章。"综述评论"栏目刊登关于学术理论、学术观点和研究动向的综述和评论文章。"政策动向"栏目刊登介绍国内外环境政策最新动向的文章。"书评"栏目刊登环境经济与环境政策及相关领域新近出版的中外文学术著作的介绍和评论文章。

《环境经济与政策》只刊登未发表过的稿件，不接受一稿两投。投稿以中文为主，被录用的外文稿件由编辑部负责翻译成中文，由作者审查定稿。

《环境经济与政策》只接受电子版投稿，不用纸稿。稿件请发至：eepchina@gmail.com。编辑部在收到稿件后两个月之内给予作者答复。稿件如被录用，编辑部将向作者提供录用通知。作者如有疑问，可向编辑部询问稿件处理情况。编辑部设在中国科学院虚拟经济与数据科学研究中心绿色经济研究室，地址：北京市海淀区中关村东路 80 号 6 号楼 207 室，邮编 100190。

【投稿规定】

投稿应遵照以下体例要求：

1. 稿件第一页应该包括以下信息：（1）文章标题；（2）作者姓名、所属单位一级通信地址、电话和电子邮件地址；（3）致谢（如果需要的话）。

2. 稿件第二页应该提供以下信息：（1）文章的中文标题；（2）中文摘要（200 字以内）；（3）中文关键词（5 个以内）；（4）文章的英文标题；（5）英文

摘要（300 以内）；（6）英文关键词（5 个以内）。

3. 正文字数原则上不超过 10 000 字，采用五号字体，中文为宋体，英文为 Times New Roman。行距为 1.5 倍。

4. 正文的 1、2、3 级标题分别按 1，1.1，1.1.1 编号，各级标题一律左起顶格书写。

5. 表格格式为三线格。表格标题为中英对照，在表格上方居中。图的标题为中英文对照，置于图下方居中。图表在文中必须有相应的文字说明，图表各项必须清晰，单位、图例等项齐全。

6. 注释采用脚注。脚注编号以本页为限，另页如有脚注，另从①起编号。

7. 参考文献只列文中引用的、公开发表的文献（未公开出版的用脚注说明），按正文中引用文献的先后顺序，用阿拉伯数字从 1 开始连续编序号，序号用方括号括起，置于文中提及的文献著者、引文或叙述文字末尾的右上角，若遇标点符号，置于标点符号前。如果同一叙述文字见于多篇文献时，各篇文献序号置于同一方括号内，其间用逗号（不是顿号）分开；如果连续序号多于两个（不含）时，可用范围号连接起止序号。如果文献序号作为叙述文字的一部分，则文献序号与正文平排，并且每条文献都要加方括号。如果同一文献在文章中的不同处被重复引用，只在其第一次出现时标应标的序号，以后各处均标这同一序号。引用他人的资料和数据要认真核对，注明出处。参考文献体例如下：

载体种类		著录项目与格式
普通图书	序号	著者. 书名（正书名和副书名）. 卷（册）. 版次（初版除外）. 出版地：出版社. 出版年. 页码
析出文献	序号	著者. 析出文献名. 载（见）或 In：著者：书名. 卷（册）. 版次（初版除外）. 出版地：出版社. 出版年. 页码
翻译类	序号	原著者. 书名（原著版次，初版除外）. 卷（册）. 中文版次（初版除外）. ＊＊译. 出版地：出版社. 出版年. 页码
期刊类	序号	著者. 篇名. 刊名. 出版年. 卷（期）：页码
报纸类	序号	著者. 文章名. 报名. 出版年-月-日，版次
网页类	序号	著者. 文章名. 网页. 下载年-月-日
专利类	序号	专利者. 专利名称. 专利号. 出版年

Pearce D，Atkinson G. Capital Theory and the Measurement of Sustainable Development：an indicator of Weak Sustainability. Ecological Economics，1993，8（2）：103-108

杨友孝，蔡运龙. 中国农村资源、环境与发展的可持续性评估—SEEA 方法及其应用. 北京：地理学报，2000，55（5）：596-606

世界银行. 扩展衡量财富的手段—环境可持续发展的指标. 北京：中国环境科学出版社，1998